＼圖鑑版／

食材冷凍
保鮮大全

西川剛史／著

用冷凍技術！
讓下廚變得更輕鬆、美味！

會在家下廚的人大多都有以下的煩惱：

「想要大量採購食材來省錢。」

「每天要下廚好麻煩。」

「想要減少下廚和外出採購的次數。」

「可是又不想浪費買太多的食材。」

「買相同的食材讓餐桌的菜色毫無變化。」

因此，應該有很多人想知道活用食材冷凍的方法。

而我身為冷凍專家，

常會收到以下的各種食材冷凍的問題：

「食材冷凍後會不會變得不好吃？」

「冷凍好像很麻煩……」

「我不太會解凍。」

「有先試著冷凍了，但不曉得該怎麼處理。」

「我以為這東西不能冷凍就丟掉了。」

「與其放到壞掉，不如拿去冷凍。」

「不曉得這麼做對不對，總之先冷凍起來。」

「照著網路上的作法嘗試冷凍，但成效不彰。」

只要各位看過這本書，就能解決所有的冷凍煩惱！

此書收錄了以下所有方法：

• 只要照著做便能將食材美味保留的「最強冷凍規則」。

• 讓食材更好吃的「包裝方式」和「處理訣竅」。

• 冷凍處理時絕不能做的事。

• 會影響美味度的「解凍方法」。

• 沒人解答過的冷凍疑問。

• 哪些食材可以冷凍？（你沒想過的食材都可以冷凍喔！）

• 冷凍庫的整理術。

而且這本書內還會傳授各位，
讓食材變得更加美味的冷凍技巧。

「**冰漬、殺菁、真空冷凍、油漬冷凍、薄扁冷凍**」等冷凍術，
還有方便到驚為天人的「**冷凍神器**」，
以及一旦學會了，**冷凍庫再也不會亂七八糟的「冷凍循環法」**，
以上我都會毫不保留地傳授給各位。

曾聽過我演講或看過我上節目傳授以上方法的朋友們，回饋了我以下的感想：

「我都不知道有這麼多食材可以冷凍！」
「以往我所做的冷凍方式都做錯了！」
「到現在我才知道冷凍的基本常識，真是相見恨晚！」
「以前我都不知道自己的冷凍方式對不對，但現在能很有自信地冷凍了。」
「以前都是不知道怎麼辦就拿去冰冷凍，但我現在會積極處理冷凍。」

我會以冷凍專家的身分活躍於幕前，
都是希望能協助忙碌的現代人能夠活用冷凍技巧，
讓各位都能實現不費時又能輕鬆吃得健康又豐富的飲食生活。

會有這種想法，是因為我自己在大學時期
雖然忙著專攻營養學，
卻疏於顧及自己飲食生活的經驗。
此時我便發現「冷凍」正是能協助繁忙的人，
縮短料理時間又能實現健康飲食生活的方法。

但願這本《食材冷凍保鮮大全》，
能讓你的生活變得更豐富、健康又便利。

冷凍王子 **西川剛史**

你家是不是也在玩？

冷凍室躲貓貓遊戲

每個人家裡的冷凍庫不都長這樣嗎？

其實這是 糟糕的冷凍庫！

✕ 買回來原封不動直接冰冷凍

要是因為嫌麻煩，食材買回來直接冰冷凍，食材容易與空氣直接接觸，是造成水分流失以及氧化的原因！

✕ 只包保鮮膜就冷凍

很多人以為只包保鮮膜就OK了，但只有保鮮膜無法保留食材水分！
應該要包上保鮮膜後再放進冷凍保鮮袋才正確。而且光包保鮮膜會亂七八糟，不好整理。

✕ 連同保麗龍托盤一起冷凍

托盤內殘留許多空氣，冷凍時容易導致食材乾燥！就算麻煩，也不能連同托盤一起冷凍。

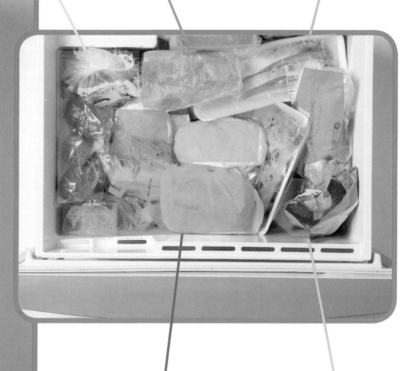

✕ 看不到內容物就冷凍

不能把裝進半透明袋內的食材直接冰冷凍。為了要確認裡面是什麼食材而一直開著冷凍庫，會導致冷凍庫的溫度上升，害其他食材變質。

✕ 袋口沒封好就冷凍

食材曝露在冷空氣下，會因水分流失，和氧化降低美味度，也不衛生。而且也怕袋中的食材會掉出來。

冷凍庫的正確整理方式在P.30

學起來就能「輕鬆」做出「美味」料理！

猜謎時間
哪些食材冷凍好處多多！

在此以問答猜謎的方式，介紹常見食材冷凍後
變得更營養、好處理。來試試你的本事吧！

Q1. 蜆仔／蛤蜊
該怎麼冷凍？

Q2. 哪種食材冷凍
後，外皮會變
得好剝？

Q3. 酪梨該怎
麼冷凍？

?

Q4. 什麼食材冷凍後，營養價值會提升？

Q5. 保留薑的香氣的冷凍方法？

Q6. 玉子燒的冷凍重點是什麼？

學起來能讓冷凍變得更有趣喔！

答案在下一頁 ➡

這些食材冷凍好處多多！猜謎時間 解答

Q1。蜆仔／蛤蜊該怎麼冷凍？

A1。冰漬冷凍！

貝類非常容易流失水分和氧化，建議先吐沙後，再加水一起冰漬冷凍（grazing）。不需解凍，只要連同冰塊一起倒進鍋內加熱就OK了！

而且蜆仔、蛤蜊是只要冷凍便能提升營養價值的便利食材。可以增加有助於肝功能運作、有消除疲勞效果的鳥胺酸。

Q2。哪種食材冷凍後，外皮會變得好剝？

A2。奇異果！

奇異果要先剖半，再用湯匙挖果肉……覺得這樣很麻煩的朋友，有福了！只要把奇異果整顆拿去冷凍，再把冷凍過的奇異果直接泡在水裡，就能輕鬆用手剝皮。就算直接半解凍，也能拿來做果昔。請務必嘗試輕鬆剝奇異果皮的方法！

Q3。酪梨該怎麼冷凍？

A3。整顆冷凍！

酪梨只要一切開，剖面容易變色和氧化，所以建議不分切，整顆帶皮冷凍最簡單。用保鮮膜把整顆酪梨包起來，再放進保鮮袋內，排出空氣冷凍即可。要吃時，先半解凍再剖半，用湯匙挖來吃就能享受綿密的冰淇淋口感。淋上蜂蜜也很好吃喔。

Q4。 什麼食材冷凍後，營養價值會提升？

A4。 菇類！

除了蜆仔、蛤蜊外，菇類冷凍後也會提升營養價值！經過冷凍再解凍會產生酵素作用，會提升帶出鮮味成分的鳥苷酸。而且菇類的纖維因為冷凍被破壞容易釋放出精華，可以使菇的味道更鮮甜。料理時也可直接熱炒或煮成火鍋，十分方便。

Q5。 保留薑的香氣的冷凍方法？

A5。 不切開整個用保鮮膜包覆！

不切片也不磨成泥，帶皮直接冷凍，便能把薑的香氣冷凍保存。而且要用到薑時，可不解凍直接用磨泥器磨成泥！一股清香瞬間擴散開來，和使用新鮮的薑一樣便利。

Q6。 玉子燒的冷凍重點是什麼？

A6。 加糖煎蛋捲！

玉子燒冷凍後，雖然內部容易產生孔洞而變得水嫩，但只要在食材內加入有鎖水（保水效果）性質的糖，解凍時便能防止水分流失，可以維持煎蛋捲膨鬆的狀態。另外，要冷凍肉類和魚肉時，只要加入含糖的調味料一起冷凍（醃漬冷凍），便能讓食材保持濕潤口感。

猜謎時間
這些食材可以冷凍嗎？

有許多像是蛋和蒟蒻這類的食材 看似可以冷凍卻又不太確定。
猜一猜這些食材可以冷凍嗎？

馬鈴薯

小黃瓜

蒟蒻

蛋

洋香菜葉

味噌

奶油

豆腐

鮮奶油

咖啡豆

解答
全部都可以！

有些食材是解凍後跟新鮮的一樣美味；有些是冷凍後口感會改變的「變身食材」，大多數食材都能冷凍保存。有關食材的詳細冷凍方法可參照P.55開始的「永久保存版！食材冷凍事典」。不

過，其中也有不能冷凍的食材。要留意，像是會發芽的菜和芝麻葉等含水量較多的蔬菜、內部已毫無水分的水煮蛋和寒天，以及易油水分離的美乃滋都不適合冷凍。請務必閱讀本書，學會美味&聰明的冷凍術！

011

冷凍居然有「這麼多

冷凍的2大好處！

1. 溫度維持在 **−18**℃以下，就是能安全保存的祕密！

微生物的低溫耐性

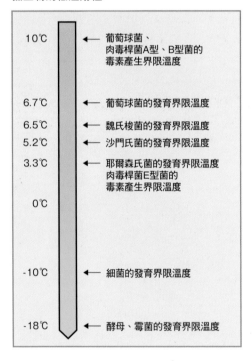

10℃	← 葡萄球菌、肉毒桿菌A型、B型菌的毒素產生界限溫度
6.7℃	← 葡萄球菌的發育界限溫度
6.5℃	← 魏氏梭菌的發育界限溫度
5.2℃	← 沙門氏菌的發育界限溫度
3.3℃	← 耶爾森氏菌的發育界限溫度 肉毒桿菌E型菌的毒素產生界限溫度
0℃	
-10℃	← 細菌的發育界限溫度
-18℃	← 酵母、霉菌的發育界限溫度

家用冷凍庫的溫度，基本上都設定在−18℃以下。你知道為什麼嗎？如左圖所示，幾乎所有會導致腐敗、食物中毒的菌類、微生物和酵素作用都停止在這個溫度帶內。即使不使用防腐劑，還能長時間保存的最大好處，就是因為冷凍溫度設定在「−18℃以下」的關係。

摘錄自2004年《冷凍》Vol.79 No.916
阿部萬壽雄
〈近期冷凍食品的進步與美味的祕密〉

還有其他好處！

大量採購能省錢！　　減少食物浪費！

好處！」

你是否認為冷凍庫只是保存剩餘食材的地方呢？其實冷凍還有這麼多好處呢！

2. 盡速冷凍能使食材留住約 **94**%的營養!?

冷凍不僅能維持住食材的品質，就連營養也能留住！以去超市剛買回來的蔬菜汆燙後，保存在–24℃冷凍庫的實驗結果為例，即使過了一個月，維生素C的含量只有微幅的減少。就算是胡蘿蔔素或維生素B群，同樣也是類似的結果，由此可知，冷凍能保留食材一定程度的營養價值。

冷凍保存期間中的維生素C含量變化　　　　　（mg/100g）

保存期間（月）	0	1	3	6	12	殘存率（12 個月後）
菠菜	55	50	40	52	52	94%
紅蘿蔔	75	66	58	74	58	77%
西洋南瓜	31	34	31	31	27	87%
高麗菜	44	50	41	44	40	90%

※冷凍保存開始時以100%的比例計算

參考1997年《日本食品儲存科學會刊》Vol.23 No.1辻村卓、荒川京子、小松原晴美、笠井孝正〈蔬菜和水果經過冷凍或凍結乾燥處理之於維生素含量以及長年儲存的影響〉製表

省時省力！　　　　長期保存也好安心！

過往的冷凍方式 「不良示範」

 冷凍後東西變得不好吃……

沒這回事！
採買後馬上冷凍是維持美味的關鍵

你是否曾有過發現食材快要過期了，便急忙把食材冰到冷凍庫的經驗呢？

冷凍是「維持」食材品質的技術。只要食材越新鮮越能冷凍得更美味。重點要在食材買回來的短時間內放進冷凍庫，只要塑成扁薄的狀態冰進冷凍庫便能盡速冷凍。或是把可能會用剩的食材馬上冰進冷凍庫保存！

 就算把食材分裝也沒用……

沒這回事！
分裝冷凍不僅美味又方便

雖然分裝食材會讓人覺得有點麻煩，但不分裝冷凍，解凍需要花點時間，即使加熱也會弄得半生不熟，因此還是建議要分裝冷凍。分裝食材用保鮮膜包好再放進保鮮袋內，便能預防水分流失和維持食材的美味。

的三大重點

曾經有過「嘗試把食材冰冷凍可是變得不好吃」的朋友！搞不好你做了不良冷凍的示範喔！

食材一冷凍就變得乾巴巴……

沒這回事！
醃漬冷凍可維持食材的濕潤！

即便再怎麼仔細地冷凍，還是有食材多少會變乾或氧化。不過，只要加入調味料一起醃漬冷凍、或是加橄欖油一起油漬冷凍，讓食材表面形成一道保護膜，就能預防乾燥留住美味！切片的魚肉，只要撒點鹽，待出水後擦乾水分再冷凍的「抹鹽冷凍」也有鎖水效果。

在「費工」與「美味」間取得平衡！

冷凍象限表

即便想做點費工的冷凍，但沒時間的時候實在是忙不過來。這時就來確認這張圖表吧！這張表按照「工時」、「美味度」和「耐存度」，整理出不同的冷凍方法。「想吃好吃的就要仔細地冷凍」、「馬上就會吃掉的食材，用簡單的冷凍法就好」等，依照當時的情況來做出適當的冷凍方法吧！

好吃

可久放

醃漬冷凍
加熱後冷凍
保鮮膜＆保鮮袋冷凍

裝保鮮袋
真空冷凍

簡單 ・・・・・・・・・・・・・ 複雜

只用保鮮膜包覆冷凍

連同托盤一起冷凍
什麼都不做直接冷凍

難吃

不可久放

目次

《食材冷凍保鮮大全》的用法

從P.55開始的「永久保存版！食材冷凍保鮮大全」，將按照食材類別向各位介紹建議的冷凍方法和冷凍小妙招。不知道食材該怎麼冷凍、想知道最佳的冷凍方法時，請活用冷凍事典！

○ 將食材分成「蔬菜」、「肉類」等，八大類別，並在每張頁面附上書邊索引。

○ 在每個食材的右上角都附上解凍方法的小圖示，讓你一目瞭然。

○ 可從書末的「索引」按照注音順序排列，搜尋食材。

從這裡開始！

冷凍基礎

現在要解說冷凍的規則、冷凍和解凍的方法，
以及冷凍庫的用法。
該從對冷凍「一知半解」中畢業了！
讓我們學會簡單又美味的冷凍技巧，
成為冷凍專家吧！

變更 好吃的 冷凍法！ 學起來受用無窮

冷凍步驟

我們很容易只注意到冷凍「凍結」的部分，其實冷凍是由各種工序所組成的。在每個步驟都做到「最佳狀態」才是成為冷凍專家的捷徑！

食材 ➡ **事前處理** ➡ **凍**

只要食材新鮮，冷凍起來自然好吃！因此，最好是冷凍新鮮的食材。

只要分切食材或加入調味料來冷凍，稍微下點工夫處理就能冷凍得更美味。

盡快讓食材冷凍很重要。把食材攤平包裝，完全放涼後再放進冷凍庫。

冷凍王子傳授
最強冷凍規則！

» P24

包裝方式
處理應用
家用冷凍庫竟有
如此大的改變！

» P26

不知道的小知識
冷凍庫溫度的祕密

» P28

的冷凍基礎

你是否從未想過冷凍食材還有步驟？只要把這招學起來，便能清楚明白冷凍的重點！

反之，只要有一個地方是「極差狀態」就會徒勞無功，所以重點在於要均等做好每一道步驟。

結 ➡ **冷凍保存** ➡ **解凍**

維持在低溫狀態，便能保證冷凍食材的品質。關鍵是冷凍庫的整理術和開關門的次數控制在最小值，常保冷凍庫的低溫狀態。

解凍方法也會大大影響食材的品質。配合食材選擇適當的解凍方式非常重要！

冷凍王子の冷凍庫超強整理整！

» P30

留意每種食材的解凍方法就能品嘗美味！

» P32

冷凍是什麼？

冷凍就是「為了防止食品腐壞並能長期保存，以人工的方式使其凍結」。由此得知，冷凍食材的儲存溫度越低越能維持長時間的品質。

冷凍王子傳授

最強 冷凍規則！

只要謹記以下三大規則。
冷凍食材也會瞬間變得更好吃！

1. 食材買回來馬上冷凍！

毛豆採收後的糖和游離胺基酸含量的變化

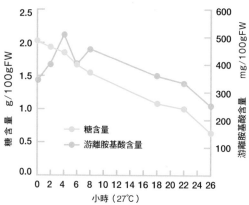

摘錄自2007年《東北農業研究》Vol.60
篠田光江、田村晃〈毛豆採收後的內部品質變化〉

冷凍最重要的不是技巧，而是食材的新鮮度！尤其是蔬菜、肉、魚等生鮮食品越新鮮越好吃，營養價值也高，因此在最新鮮的狀態下冷凍是最重要的。相反的，已在常溫下放太久變得軟趴趴的蔬菜，不管再怎麼仔細地冷凍，也不會變好吃。因此，好吃的冷凍食材有七成以上都取決於新鮮度！

上圖表是毛豆採收後的糖和胺基酸（=美味度）的變化；右圖表是菠菜保存在7℃的蔬果室時，維生素C（=營養價值）含量的變化。可以看出美味度和營養價值會隨著時間單位逐漸降低。因此在食材新鮮度降低前，盡快冷凍很重要。

儲存中菠菜（葉菜部分）內維生素C含量的變化

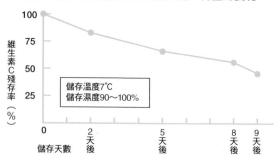

參考1993年《日本調理科學會誌》Vol.26 No.4
吉田企世子〈蔬菜的成分變動—採收、流通、保存—〉製表

2. 務必隔絕空氣!!

紅蘿蔔冷凍保存的重量變化

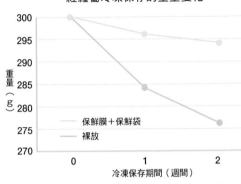

重量（g）

- 保鮮膜＋保鮮袋
- 裸放

冷凍保存期間（週間）

資料提供：西川剛史

冷凍庫內其實非常乾燥！因為空氣中的水蒸氣凍結後，結霜附著在壁上，造成空氣中的水分流失。因此冷凍食材最重要的是做好保濕對策。保鮮膜要緊密貼合食材，並放入冷凍用保鮮袋內，還要確實排出空氣。將接觸食材的空氣面積控制在最小值。若要直接把食材放入保鮮袋內冷凍，記得要盡量將袋內的空氣擠壓出來。

上圖表為切半的紅蘿蔔直接裸放在冷凍庫，和用保鮮膜包覆再放進保鮮袋冷凍之比較。裸放冷凍的紅蘿蔔，水分因乾燥不斷蒸發，重量也持續減輕；而用保鮮膜＋保鮮袋的紅蘿蔔則能抑制乾燥，並防止重量（水分）的減少。

3. 讓食物盡速結凍!!!

在冷凍領域中，「–1℃～–5℃」的溫度區間被稱為「危險溫度帶（最大冰晶生成帶）」。冷凍時，若長時間處在這個生成帶，食材內的水分會形成大冰晶破壞細胞，讓口感變差，也會造成美味和營養流失。要如何盡速通過這個溫度帶，便是能否讓冷凍食材美味的關鍵。而要讓食材上下均等地冷卻，能更有效率地冷凍。食材弄成扁薄狀對解凍來說也有好處！可以縮短解凍時間，也能減少解凍不均勻。

不同的豬肉厚度與凍結速度的差異

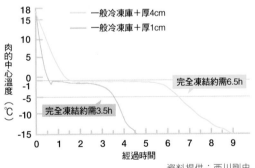

肉的中心溫度（℃）

- 一般冷凍庫＋厚4cm
- 一般冷凍庫＋厚1cm

完全凍結約需6.5h

完全凍結約需3.5h

經過時間

資料提供：西川剛史

上圖表為準備兩份同等重量（200g）不同厚度的豬肉，冰冷凍庫凍結，以測試肉的中心溫度到達–5℃時所需的時間。由此可知，將肉壓至扁薄的狀態，可以縮短一半的時間完成冷凍。

攤平！
弄扁！

學會這麼做就能留住美味！
包裝方式和處理應用
家用冷凍庫竟有如此大的改變！

「我知道要把保鮮袋內的空氣排出來，但到底該怎麼包才好呢？」
這個疑問，就在這裡一次幫你解決！

包裝方式

首先要介紹直接將食材放入保鮮袋內的冷凍包裝方式。
試著將所有保鮮袋的空氣都排出來！

包法1　用力擠光所有空氣！
預防水分流失，鎖住美味

把食材放進保鮮夾鍊袋內，確實將裡面的空氣排出來。雙手用力擠壓空氣排出袋外，再密封夾鍊袋。像是菇類這種有彈性的食材，可將食材推到底部再用捲的排出空氣。

非常建議
用捲的喔！

弄成扁薄狀
薄度的基準
大約是這樣

1.5cm

排除空氣的方式

1
讓夾鍊袋袋口中央留個透氣孔，把兩端封住。

2
把食材集中到保鮮袋底部，由下往上壓出空氣。

3
待空氣完全排出後，將夾鍊袋完全密合。

4
用手把食材攤平至保鮮袋的每個角落，將整體弄成扁薄狀。

包法2　用保鮮膜少量分裝，美味度＆便利度都升級！

緊密貼合

還有這種方式！

保鮮膜的好處是能與食材的表面緊密貼合，防止食材水分流失與氧化。少量分裝的好處是用多少拿多少。尤其是分切好的蔬菜、肉和魚這類表面容易乾掉的食材，更需要用保鮮膜緊密貼合包覆，再放進保鮮夾鍊袋內，排出空氣後冰冷凍。

❶攤開比食材還要寬2.5倍的保鮮膜。❷將保鮮膜對摺覆蓋住食材並排出空氣。❸食材再對摺後，放入保鮮袋內冰冷凍。❹要烹調時，剪出需要的分量，再馬上把剩下的食材冰回冷凍庫。

處理應用

可以用水分或調味料在食材上形成保護膜，或事先汆燙。只要做點處理，便能防止水分流失與氧化，讓食材更好吃！

處理1　「液體保護」鎖住美味！

冰漬冷凍

連同水一起冷凍的冰漬冷凍，是利用冰的薄膜來防止食材乾燥。重點是倒入能淹過整體食材的白開水，再充分冷凍。

醃漬冷凍

和液態的調味料一同冷凍，便能做好保濕對策！而且在烹飪時不需要再加調味料，省去許多料理的時間。另個好處是能讓食材更加入味。

處理2　「事先汆燙」鎖住新鮮！

殺菁

汆燙能讓食材品質下滑的酵素停止作用，非常適合運用在蔬菜冷凍。用滾水將食材燙至顏色鮮翠，常溫放涼後再冰至冷凍庫。

也很推薦抹鹽冷凍！

在切塊魚肉上抹鹽靜置一會，擦乾釋出的水分後冰冷凍。可以鎖住魚肉的鮮甜，維持食材的品質。

冰箱門真的不能開開關關嗎？

冷凍庫溫度的祕密

為什麼要減少冷凍庫的開關次數？更有效的冷凍庫整理方法？
只要看完這篇，或許你將會從今天改變冷凍庫的用法喔！

冷凍保存中的溫度上升 將大大影響食材的品質！

冷凍保存中最重要的關鍵是冷凍庫的溫度。就算你一開始把冷凍包裝做得很仔細，只要冷凍庫門長時間開開關關，便會大幅降低食材的品質。一般的家用冷凍庫的溫度都設定在−18℃以下，但只要一打開門，冷凍庫內的溫度會急速上升！

而且一旦溫度上升後，很遺憾的是溫度無法馬上降下來。把冷凍庫門的開關次數和打開的時間控制在最小值，才是維持食材美味的重點。

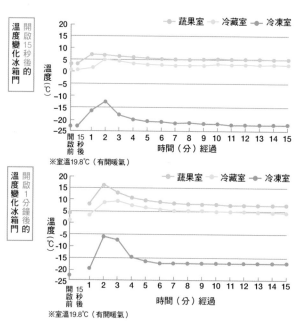

開啟15秒後的溫度變化冰箱門

蔬果室　冷藏室　冷凍室

溫度（℃）

開啟前　15秒後　1　2　3　4　5　6　7　8　9　10　11　12　13　14　15　時間（分）經過

※室溫19.8℃（有開暖氣）

開啟1分鐘後的溫度變化冰箱門

蔬果室　冷藏室　冷凍室

溫度（℃）

開啟前　15秒後　1　2　3　4　5　6　7　8　9　10　11　12　13　14　15　時間（分）經過

※室溫19.8℃（有開暖氣）

從開啟冷凍庫門時所測量的溫度變化圖表中可以得知，即使只把冷凍庫打開15秒，溫度也會上升，而且要恢復原本的溫度要花許多時間。此外，開啟1分鐘時，溫度更上升了不少。冷凍食材在長期保存下還能維持美味&營養價值，都是因為冷凍庫的溫度維持在−18℃以下的關係。只要食材持續處在溫度很高的狀態下，只會加速食材的劣化。為了不讓冷凍庫的溫度上升到−18℃以上，必須要花點心思盡速縮短開啟冰箱門的時間。

※這裡使用空的冰箱來做開啟冰箱門15秒和1分鐘的實驗。

摘錄自2010年4月號福岡生活協同組合機關誌《交流》

或許你認為冷凍庫只要一直關著就好。其實就算你不去開關冰箱門，冷凍庫內的溫度也會上上下下的。一般家用冰箱都有除霜功能，冰箱在一定時間內會自動除霜。而且為了除霜，冷凍庫內的溫度一定會上升。就算你不去打開冷凍庫，內部的溫度多少還是會上升，冷凍食材也會漸漸開始劣化。

冰箱啟動除霜功能冷凍庫內的溫度變化

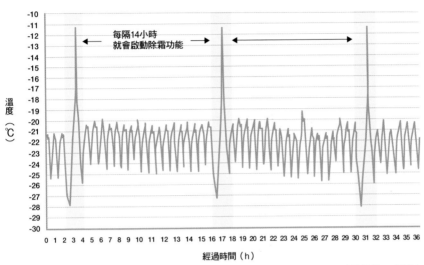

每隔14小時就會啟動除霜功能

溫度（℃）

經過時間（h）

※除霜間隔和溫度變化會因不同廠牌、機型的冰箱而有所差異。　　　資料提供：西川剛史

還有哪些維持冷凍庫溫度的方法呢？

☑ 冷凍庫冰滿已結凍的食材
　➡ 保冷效果可維持低溫！

☑ 減少開門時間和開關次數
　➡ 不造成溫度上升的原因

☑ 夏季保持室內涼爽
　➡ 能儘量控制開門時溫度上升的速度！

☑ 購買溫度穩定的新款冰箱
　➡ 防止溫度上升又有節能效果

☑ 不用前開式冷凍庫 而是用抽屜式冷凍庫
　➡ 冷空氣是由上往下流 可減少溫度上升

為了不讓冷凍庫的溫度上升，下一頁將要介紹冷凍庫的整理訣竅！

冷凍庫 最強整理術！

冷凍循環法

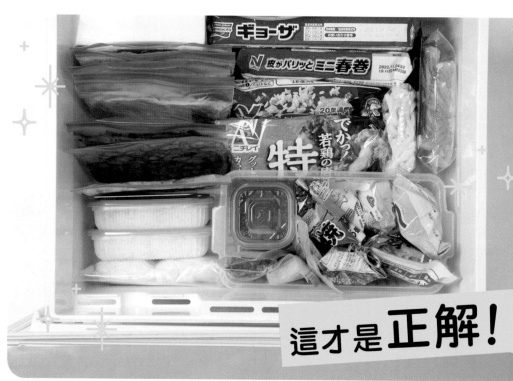

這才是 正解！

1. 做好斷捨離

跟整理房間一樣，一開始要做的就是冷凍庫的斷捨離。只要小東西一多，就無法進行整理整頓。先把裡面所有東西都拿出來，再來開始整理。尤其是過多的保冷劑，只要留下需要的分量，其餘的都丟掉。吃剩的冷凍食品和不知道何時冰冷凍的食材都盡速一次消耗完畢，還冷凍庫清爽的空間吧！

2. 內容可視化

用不透明的塑膠袋和保鮮盒，或是用保鮮膜一層層捲起來的食材，根本看不到裡面到底是什麼食物。每次打開冷凍庫還要花時間去確認裡面裝的是什麼，容易導致冷凍庫的溫度上升。重點是要將食材放進透明的容器或保鮮袋內，最好能一目瞭然。也可以用奇異筆在外包裝寫上食材名稱，或把包裝標籤貼在外部也OK。

3. 物品歸定位

依食材類別或目的決定好擺放位置，拿取歸位會意外地順暢！特別建議要空出「小東西、用剩食材」的空間。這個空間要配置在顯眼的地方，而且要盡速將這區的食材消耗掉。利用保鮮容器或書擋將空間區隔開來，就算有地方空出來了，其他食材也不會倒下來，冷凍庫就不會變得雜亂無章。

4. 一個月整理一次

只要做到歸定位的步驟，接下來只要維持整潔即可！每個月只要找一天（舉例設定在月底），整理出用剩的食材和一直冰在冷凍庫的食材，這些「最好盡快吃完」的東西。只要煮個咖哩、湯品或是火鍋這類，只要把食材丟進去就能完成的料理，一口氣吃完的話，便能迅速清完冷凍庫。

謹記2.3.4.點，
就能維持整潔的冷凍庫！

不能全部都微波解凍嗎？
留意每種食材的解凍方法就能品嘗美味！

不太會解凍的人有福了！這裡整理出各種解凍的技巧。
只要用對解凍方法，冷凍食材就會變得新鮮又好吃！

不讓食材長時間處在「危險溫度帶」，才是通往美味解凍的捷徑！

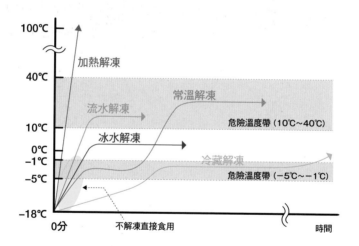

解凍時應要避開兩大「危險溫度帶」。一個是會讓食材內的水分形成大冰晶，破壞細胞的「–5℃～–1℃」；另一個是容易引起酵素作用，造成食材的色澤、營養及口感不佳，並促進細菌繁殖的常溫「10℃～40℃」（即為圖表中灰色區域）。避開這兩大危險溫度帶，讓食材迅速解凍，便是讓冷凍食材變得好吃的祕訣。若是用高溫一口氣加熱解凍，或是用不會處在危險溫度帶的溫度快速解凍，便可將對食材的傷害控制在最小範圍。

依食用方式選擇解凍方法

依照如何料理食材，來改變解凍的方法。
照著以下的表格來選出最適當的解凍方法吧！

直接烹調！

加熱解凍

直接食用！

常溫解凍　　不解凍

想恢復冷凍前的狀態！

冰水解凍　　流水解凍　　冷藏解凍

直接烹調！

不解凍直接下鍋！
加熱解凍

適合蔬菜
和貝類

這是直接加熱冷凍食材的解凍方法。直接透過爐火迅速加熱，可一口氣穿過兩大危險溫度帶。食材煮起來不軟糊，可充分享受新鮮的口感是加熱解凍的優點。用高溫在短時間內加熱是讓食材美味的訣竅。

冰得硬梆梆的咖哩，該怎麼馬上烹調呢？

要花時間解凍的咖哩，是用比較特殊的「溫水解凍」。直接將保鮮袋泡進溫水內，解凍至能用手壓軟的程度後，再改倒入鍋內加熱會比較快。不過這畢竟是處在危險溫度帶的常溫解凍，只適合用於加熱過的食材和解凍後加熱。不適用於一般解凍。

想恢復冷凍前的狀態！

冰水能保護品質！
冰水解凍

適合生肉和魚肉

利用接近0℃的低溫度帶且熱傳導率高的水，能在短時間內解凍的冰水解凍，對食材的傷害能降到最低。適合用在想要仔細解凍的食材，或是肉、魚類等以常溫解凍容易造成品質劣化的食材。

想恢復冷凍前的狀態！

想快速解凍！
流水解凍

適合除了生肉和魚肉之外的大多數食品

這是把保鮮袋放進盛滿水的托盤內，用活水來解凍的方法。最大的優點是解凍時間很短。因為是用比冰水解凍還要高的溫度來解凍，所以品質多少會有點下降，但卻很省時省力。解凍中途若用手揉散可更快解凍。

流水直接碰到保鮮袋也沒關係只要開細細的流水即可！

想恢復冷凍前的狀態！

放冷藏室就OK！
冷藏解凍

適合有厚度，且沒放進保鮮袋的食材

因為放在溫度穩定的冷藏室內慢慢解凍，能保護食材的品質。雖然很花時間，但只要早上放到冷藏室，晚上再料理，能省去不少麻煩。而且這非常適合用來需要花時間解凍的厚實肉塊等食材。

實際測試！
雞腿肉的解凍實驗

先以家用冰箱冷凍雞腿肉，
並用以下5種方法實際來解凍看看。
結果會如何呢？

◀流水解凍

**出奇之快！
狀態也十分良好**

解凍時間：23分鐘

解凍中途用手稍微揉散，
最快只要20分鐘左右就能
解凍完畢。而且也不會用
到太多水，雞肉的狀態也
非常好。是實際上能輕鬆
做到的解凍法。

冷藏解凍

**雖然花時間，
卻輕鬆方便**

解凍時間：10小時

步驟最少，且雞肉的狀態
還過得去。距離烹調前還
有時間的話，這倒是個簡
單又方便的解凍方法。

冰水解凍

**不亞於冷凍前的狀態，
是很美味的雞肉！**

解凍時間：54分鐘

雞肉狀態維持在最好的冰
水解凍。幾乎沒流出什麼
血水，完全是冷凍前的狀
態，真是令人感到讚嘆。

▼微波解凍

**裡面還是冰的，
但外側有點熟了**

解凍時間：5分鐘（600W）

解凍不均，雞肉變成半生
不熟的狀態。這方式不能
恢復到冷凍前的狀態。

▲常溫解凍

**乍看不錯，
但血水很多！**

解凍時間：4小時

保鮮袋內積了大量血水。
不僅美味和營養都流失
了，連衛生都造成問題。

＊受到溫度、保存狀態和食材品質的不同，解凍結果不盡相同。
＊實驗條件：每個保鮮袋分別放入300g的雞腿肉，再放入家用冰箱的冷凍庫內冷凍。個別以冰水解凍、
流水解凍、冷藏解凍、常溫解凍和微波解凍，這5種方法來解凍雞腿肉，並測量解凍所需的時間。常溫解
凍的室內溫度設定為18℃。微波解凍是以功率600W加熱5分鐘。

可用於解凍麵包！
常溫解凍

一般而言不太建議常溫解凍，但有一部分食材較例外，反而在常溫解凍下直接食用會更好吃的食材。像是麵包、冷凍毛豆以及和菓子等，都很適合常溫解凍。不過長時間放在室溫下，會有細菌繁殖的危險，解凍後要馬上享用。

常溫解凍不是比較快嗎？

常溫解凍不僅容易使細菌繁殖，還很花時間。因為液體的熱傳導率（較容易導熱）比空氣還要快。如果很趕時間，流水解凍和冰水解凍會比較快。

像甜點的口感！
不解凍

草莓、奇異果和番茄等蔬菜水果，可以不解凍或是半解凍後直接食用，能享受有如雪酪般的口感。薑和山藥也可以不解凍直接磨成泥，酪梨半解凍後也會有冰淇淋的口感，不解凍直接吃，更能享受嶄新的口感與清涼感。

有時也想直接微波解凍……

到底能不能微波解凍呢？

你是否曾有過，用微波解凍冷凍食材的失敗經驗呢？
在此傳授各位微波解凍的訣竅。
只要掌握重點，微波解凍就會是料理時的好幫手！

先來復習微波爐的原理！

微波爐是**利用電磁波讓食材內的水分震動，由內部摩擦生熱的原理。**不過，電磁波比起冰和水有更強的導熱性質。也因此加熱冷凍食材會導致解凍不均勻。冰溶化後只集中在外側加熱，**造成內部還是冷凍的，只有外側在加熱的狀態。**

此外，雖然有些微波爐有「解凍功能」，但也只是把功率調低的模式，基本上還是相同的原理。

如果要加熱解凍就
可以使用微波爐！

不過，也不是完全不能用微波爐解凍！**若不是要把食材恢復原本的狀態，而是直接烹調的話，可以直接使用微波來加熱解凍。**只要在能均勻加熱上下點工夫，就能變得很好吃。

建議使用耐熱容器和保鮮膜，容器內會產生水蒸氣，能讓食材均勻加熱解凍。**也很推薦利用微波蒸籠和矽膠容器，**料理起來比較不易失敗。

家裡有超方便!! 9大冷凍

① 冷凍保鮮夾鍊袋

保鮮袋最重要的就是一定要買可冷凍的！偏厚的材質可以保護食材放在冷凍庫不會水分流失和氧化。建議買能確實密封的雙層夾鍊袋。比起買有花色的，不如買全透明的保鮮袋，可以看清楚裡面裝什麼。

※本書內所提到的「保鮮夾鍊袋」和「保鮮袋」，全都是指「冷凍保鮮夾鍊袋」。

② 保鮮膜

冷凍保存最忌諱乾燥，保鮮膜是最強的夥伴！可以緊密包覆食材，再放入保鮮袋內，更能防止流失水分和氧化。

③ 保鮮盒

經常會用於整理含有水分的料理或小型食材。保鮮盒的密封性高，只要掀開蓋子一角，就能直接用微波加熱，非常便利。

④ 不鏽鋼托盤

把裝進保鮮袋內的食材，均等地平鋪在托盤上再冰冷凍會很方便。塑成扁薄狀冷凍，便於在冷凍庫內直立式整齊收納。

必備神器

為了能讓食材完美冷凍和做得好吃，
要向各位介紹非常便利的工具。
只要用了這些工具，
冷凍食材一定會變得更方便！

⑥ 微波蒸籠

經常用於微波爐加熱解凍冷凍食材。可以均勻加熱，輕鬆就能吃到美味料理。

⑤ 保冷劑

在食材上再放上冷凍的保冷劑，可以防止冷凍庫門開關時造成的溫度上升。想讓食材盡速放涼時也很方便。

⑦ 米飯保鮮盒

雖然米飯可以用保鮮膜冷凍，但冷凍米飯還是推薦使用米飯保鮮盒！可以冷凍等分量的米飯，還可以堆疊收納，又能不解凍直接微波。

⑧ 磨泥器

用於把冷凍薑磨成泥。冷凍食材很硬，建議選個有穩固底座，而且底部有集中盒的款式吧。

⑨ 製冰盒

可以冷凍濃縮狀的液體。像是紅酒、咖啡，或是冷凍果汁，可以做成甜點。

常見問答！
解答所有冷凍疑問！

Q: 冷凍食材可以保存多久？

A: 一個月內為基準值。

不是只要把食材冷凍起來，東西就不會壞。基本上以一個月內為限。容易變質的生肉、魚和蔬菜等生鮮食品，必須留意要在2～3週內食用完畢。

Q: 冰箱不結霜的訣竅？

A: 減少開關冷凍庫！

冰箱會結霜的原因，都是因為太常開關冷凍庫導致溫度上升，食材出水後又再次結凍的關係。減少並縮短開關冷凍庫的次數和時間，並把保鮮袋內的空氣確實排出冷凍保存，就能防止某種程度的結霜。

Q: 採購冷凍食品時，店家附的保冷劑和乾冰應該要放在哪裡才正確？

A: 沒放在食物上方就沒有意義了！

冷空氣是由上往下降的，所以保冷劑和乾冰若放在食品下面完全沒有效果。要裝進保冷袋和塑膠袋時，請把保冷劑和乾冰放在冷凍食品上面。而且冷凍食品本身就有保冷劑的作用，把所有冷凍食品緊密貼合一同放進袋內，可以互相發揮保冷效果，延長保冰作用。

為了能過上吃得健康又美味的冷凍生活，在此將各位還想知道更多的各種冷凍問題，一次解答！

Q: 冷凍食材一定要用保鮮袋嗎？

A: 有用會比較好！

冷凍保鮮袋的材質偏厚，密封性又高，最好能盡量使用。材質偏薄的保鮮袋和塑膠袋，一不留意就會有個肉眼看不到的小洞，無法有效隔絕空氣和氣味，所以不適用於冷凍食材。

Q: 保鮮袋可以重複使用嗎？

A: 基本上不行。若有先用保鮮膜包覆再裝袋的就可以重複使用！

如果食材直接放進保鮮袋，袋內容易繁殖雜菌，就算有洗過，袋上也會有肉眼看不到的小洞，所以最好不要重複使用。不過若是有先用保鮮膜包覆再裝袋的保鮮袋，還是可以重複使用。

Q: 食材可以不解凍直接當作便當菜嗎？

A: 自行分裝的冷凍品不可以！

雖然有些市售的冷凍食品，直接裝進便當內會自然解凍，是因為在高度衛生管理下冷凍的食物。在家自行分裝冷凍的食材容易繁殖細菌，要避免自然解凍，一定要加熱解凍後再食用。

Q: 已解凍過的食材，可以再次解凍嗎？

A: 基本上不可以再次解凍。

只要曾經解凍過，因細胞已被破壞，微生物會增加，所以無法再次冷凍。如果只想要使用一部分的冷凍食材，要趁剩下的食材解凍前，趕快冰回冷凍庫。另外，如果在超市看到寫著「已解凍」的肉和魚，同樣的道理也不建議再次冷凍。如果真的無論如何都要把已解凍過的食材再次冷凍，在採購時就要先檢查食材的品質，盡可能選購較新鮮的食材。

Q: 該怎麼做才能不讓食材有異味？

A: 注意2件事！

1.完全密閉

只要用保鮮膜和保鮮袋，確實將空氣排出冰冷凍，就能確保味道不會流失。緊密包覆食材，完全隔絕空氣吧！

2.減少冷凍庫的開關

冷凍庫門開開關關除了是造成溫度上升的主因，也是造成「凍燒*」和異味的原因。盡量減少和縮短冷凍庫門的開關。

*註：「凍燒」是指在冷凍環境下，肉品包裝不良或破裂時，就容易產生的品質劣變現象。

買得划算，用得聰明！

常見食材大量採購保鮮智慧

趁特價大量採購回家冷凍，
不僅節約又省時。
這篇整理出把容易大量採買的食材
冷凍得「美味」的訣竅。

☑ 大量採購划算的新鮮食材，超省錢！

☑ 活用整理好的冷凍食材料理，超省時！

☑ 運用冷凍技巧讓食材美味升級！

在此要傳授各位能實現以上條件的方法！

大量採購常見肉品冷凍方法

▼ 雞腿肉　　　雞胸肉 ▼　　　雞里肌 ▼

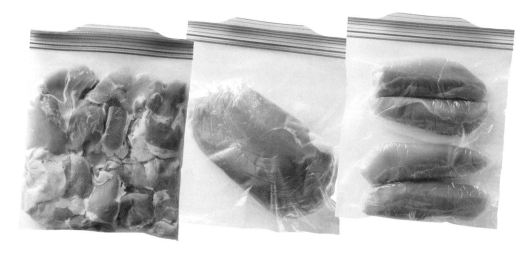

▲ 豬五花　　　▲ 炒豬肉片　　　絞肉 ▲

大量採購冷凍的好處

○ **大肉塊和秤斤買最划算！**

特價時會變很便宜的肉品，大量採購回家冷凍很划算！而且比起切片肉還比較不會變質。

○ **因為是使用頻率高的主要食材，冷凍起來常備著會很便利。**

只要少量分裝好，烹調時就能快速做出一道菜。

○ **不能久放的肉，只要冷凍起來就能長期保存**

只放冷藏很快就會壞掉的肉品，只要冷凍起來就能保存得更久。所以放心大量採購大包裝的肉品吧。

容易變質的肉品，在採購時挑選較新鮮的，而且買回家要馬上冷凍。重點是先分切出每次會使用的分量再冷凍。用保鮮膜包覆後再用力擠出空氣，放入保鮮袋內，作好保濕措施。也很推薦利用水分或油分在食材表面形成保護膜的醃漬冷凍，可以輕鬆預防食材水分流失。

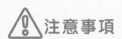 **注意事項**

⚠ **不能直接連同包裝托盤一起冷凍！**

肉品會從接觸到空氣那面開始變乾，導致美味度降低。冰在冷凍庫不但不好拿取，也很難解凍。

⚠ **一整塊直接冷凍會很難用**

若不先分裝，之後解凍會花很多時間，而且也沒辦法只切取想要使用的量。

⚠ **一定要用保鮮膜和保鮮袋**

如果沒用保鮮膜和保鮮袋，容易造成食材變乾和產生異味。

購買時CHECK！

☑ 選購沒有流出血水的肉品

☑ 盡量去有販售新鮮食材的店家採購

☑ 確認肉品有無變色

大量採購常備蔬菜冷凍方法

▼ 洋蔥　　　　紅蘿蔔 ▼　　　　馬鈴薯 ▼

△ 番茄　　　　大蔥 △　　　　小松菜 △

大量採購冷凍的好處

○ **常用到的蔬菜
若常備在冷凍庫會很方便**

這些蔬菜會很常用到，若能常備著會很方便。

○ **冷凍前已先做好事前處理，
烹調很省時！**

已經事先做好清洗和削皮等處理，烹調時可直接取出使用，非常
省時省力。

○ **蔬菜可以直接箱購，超省錢！**

只要學會冷凍的方法，可以直接購買整箱或大包裝的蔬菜會很划
算，還能做好聰明又美味的冷凍。

每天會用到的常備蔬菜，建議選購新鮮的
蔬菜，再用保鮮膜和保鮮袋緊密貼合放入
冷凍庫保存。太厚會造成口感不佳的蔬菜
可以切成薄片，要做成熱炒類時也可先切
成易翻炒的形狀，並事先想到怎麼解凍再
選擇用哪種切法會比較方便。也可以整顆
帶皮冷凍，或是殺菁加熱後再冷凍，可以
保存得更久。

 **注意事項**

⚠ **不要冷凍已經
軟趴趴的蔬菜！**

距離買回來已過一段時間的蔬
菜，口感已經變得不佳，就算
冷凍起來也不會變好吃。

⚠ **一定要用保鮮膜
和保鮮袋**

如果沒用保鮮膜和保鮮袋密封
裝好，容易造成食材水分流失
和產生異味。

⚠ **一定要確實排出空氣
防止乾燥**

蔬菜最怕乾掉！記得一定要用
保鮮膜和保鮮袋緊密貼合食材
並排出空氣。

購買時CHECK！

☑ 盡量去販售新鮮食材的店家
採購

☑ 要注意切過的蔬菜易變質

大量採購大型蔬菜冷凍方法

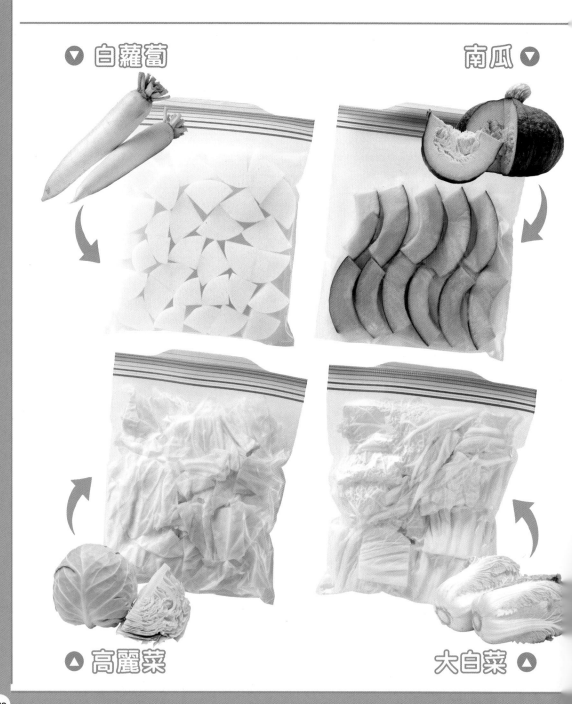

▼ 白蘿蔔

南瓜 ▼

▲ 高麗菜

大白菜 ▲

大量採購冷凍的好處

○ **整顆的蔬菜較不易變質，更好吃！**

雖然已切好的蔬菜很方便，但斷面較多容易造成水分流失和氧化。因此，可以整顆購買的蔬菜，較能維持新鮮度和美味。

○ **因為沒有分切，**
反而可以便宜購入

因為少了加工的步驟，可以較划算的價格購入。

○ **可以訂購新鮮又美味的產地直送服務！**

只要學會怎麼冷凍，直接訂購便宜又營養的產地直送蔬菜，可以長期保存又很方便。

選擇不分切，整顆販售的蔬菜較新鮮，而且能以划算的價格購入也是其魅力。不過一整顆的分量很多，沒辦法一次吃完，建議大量冷凍保存！只要分切成小塊裝進保鮮袋，隨時都可拿出來用。葉菜類殺菁後再冷凍，不僅能減少體積，還能節省冷凍庫的空間。

 **注意事項**

⚠️ **分切成小塊再冷凍！**

分切成小塊再冷凍，烹調時會很方便，也不須特別在意口感的變化。

⚠️ **裝進保鮮袋內確實**
排出空氣

分切後一定要裝進保鮮袋內，並確實排出空氣後再冰冷凍。

⚠️ **有個大冰箱最為理想**

因為要存放大型蔬菜，若有個空間很大的冷凍庫的冰箱會比較方便。

購買時CHECK！

☑ **盡量去販售新鮮食材的店家**
採購

☑ **要注意切過的蔬菜易變質**

☑ **建議購買有外葉保護的蔬**
菜，易維持新鮮度。

肉魚菜都能運用！
保存美味的醃漬冷凍

▽ 油漬鮭魚 　　　　　　　　　　　醃漬紅蘿蔔絲 ▽

▽ 鹽漬小黃瓜

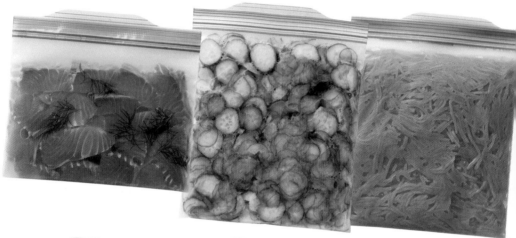

△ 鹽漬白蘿蔔 　　　　　舞菇牛肉 △ 　　　鹽漬大頭菜 △

醃漬冷凍的好處

- ○ 比起直接冷凍，醃漬冷凍更能維持美味度
- ○ 調味料能形成保護膜，可防止變乾和氧化
- ○ 醃漬冷凍較不易形成大冰晶，食材不易受到冰的損傷
- ○ 冷凍和解凍時都能讓食材入味，並維持濕潤度
- ○ 因為加了調味料，容易退冰，可縮短解凍時間
- ○ 因為已事先調味，只需要開火做簡單的烹飪！

醃漬冷凍是利用含有糖分和油分的調味料在食材表面形成保護膜，可以防止水分流失和氧化，維持食材的美味度。冷凍時，調味料會滲進食材內，記得把保鮮袋內的空氣確實排出，並塑成扁薄的形狀再冰冷凍。這麼做不僅能防止冷凍不均和解凍不均，還能直立收納，不佔冷凍庫的空間。

 注意事項

⚠ **不可使用密封性不佳的保鮮袋！**

因為要跟液體的調味料一起冷凍，若使用密封性低、材質又薄的袋子一定會漏出來。請務必使用冷凍用的保鮮袋。

⚠ **讓調味料充分入味**

如果沒讓食材充分浸在調味料內，就無法在食材表面形成保護膜，也無法防止水分流失和氧化。

⚠ **注意調味的濃淡**

雖然不能加太少調味料，但因容易入味，所以要稍微控制使用的鹽分。

 ## 醃漬冷凍的重點

簡易醃漬冷凍

只用油或鹽的簡易醃漬冷凍。醃漬的食材可用於各式各樣的料理，可於解凍後再改變調味，也能添加其他食材做出料理變化。

充分醃漬冷凍

將所有所需的食材、調味料全都加在一起冷凍，只要加熱就能完成完美的一道菜。

- ☑ 不管是要加熱還是要直接食用，都要先用流水解凍

- ☑ 只要塑成扁薄狀冰冷凍，即使不用流水解凍，直接加熱也OK

只會用到一點點的辛香料
也不浪費一起冷凍

 蔥　　　　　　 薑　　　　　　蒜

▲ 日本蘘荷　　　▲ 紫蘇葉　　　香菜 ▲

辛香料冷凍的好處

○ **只需用到一點點辛香料時，就把辛香料冷凍！**

使用頻率很高，但用量很少的辛香料，若能常備在冷凍庫，就能隨時嘗到美味的佳餚了。

○ **容易變質也易失去香氣的辛香料，最好用冷凍保存**

容易流失香氣的辛香料，保存在溫度很低的冷凍庫內，香氣可以維持得更久。

○ **可以不解凍直接烹調真方便！**

切成末的蔥花可以增加料理色彩，不解凍也能直接拿來烹調或點綴料理，不用解凍這點非常方便。

風味易流失的辛香料，一買來就馬上冷凍吧。尤其是已分切好拿來販售的辛香料容易變質，請選購尚未分切的新鮮辛香料。用保鮮膜緊密貼合，放入保鮮袋內排除空氣這一點很重要。看你是想整個拿去冷凍，還是分切冷凍，都取決於你是要馬上拿來用還是想先保存。

 **注意事項**

⚠ 香氣已流失的辛香料不能再冷凍！

冰冷藏早已流失風味的辛香料，美味度已經減半，不適合再放冷凍。

⚠ 確實排出空氣預防乾燥！

辛香料最怕空氣！尤其是已切過卻沒把空氣完全排出保鮮袋，香氣會漸漸流失，變得越來越不好吃。直接切碎的冷凍技巧，雖然用起來很方便，但與空氣接觸易使香氣流失，所以並不推薦。

用法CHECK！

☑ 葉菜類辛香料確實排出空氣，塑成扁薄狀冰冷凍，要用時直接掰開即可

☑ 蔥末和蒜末可不解凍直接撒在涼拌豆腐和素麵上，享受冰涼的口感

☑ 冷凍的薑可以直接磨成薑泥

冷凍後會更方便的食材

這點很方便！ **輕鬆剝皮！**

奇異果和芋頭都能透過冷凍後輕鬆剝皮。冷凍的奇異果泡個水，芋頭先用微波爐加熱一下，就能輕鬆去皮，省去麻煩的程序。

> 奇異果和芋頭都能馬上去皮！

奇異果
詳見 ≫ P110

芋頭
詳見 ≫ P75

這點很方便！ **不解凍直接磨出綿密的口感！**

山藥、番茄和薑可以不解凍直接磨成泥，超方便！想吃隨時可來點山藥泥、番茄泥或薑泥。而且把果汁磨成泥，還能做成雪酪和醬汁。

> 隨時想吃都能磨出要吃的分量

> 番茄汁可磨成雪酪！

山藥
詳見 ≫ P92

果汁
詳見 ≫ P182

這點很輕鬆！ **靠冷凍來改變口感！**

冷凍後會改變口感的「變身食材」，請務必享受冷凍前與冷凍後的口感差異。蛋黃會變成微硬又綿密的口感。而豆腐會變成紮實，讓口感更加有層次。

> 濃郁又綿密的口感令人著迷！

> 會變成像凍豆腐的口感

蛋
詳見 ≫ P150

豆腐
詳見 ≫ P158

收錄各類食材

永久保存版！

食材冷凍保鮮大全

根據每項食材，會逐一說明冷凍方法和推薦的吃法。

食材的包裝法會以照片來顯示，

請試著做出絕對會好吃的冷凍食材吧！

解凍圖示

解凍方法會標注在食材名稱的旁邊。詳細的解凍方法請參照P.32～P.37。

加熱解凍

冰水解凍

流水解凍

冷藏解凍

常溫解凍

微波解凍

直接食用

不須解凍

不要再自創冷凍米飯的方法了！做出像剛煮好的冷凍米飯吧！

世界第一好吃的

保鮮膜 ▼

一煮好馬上冷凍
可以維持膨潤
的米飯！

▲ 保存容器

分裝時裝得鬆散
米飯即使解凍
也不會變軟爛！

要把米飯冷凍得好吃的祕訣，竟是「一煮好」馬上冷凍！白米內含的澱粉，加水一起燜煮，就會變成膨潤好吃的α澱粉酶，這就是米飯好吃的真相。不過，

若將α澱粉酶放任不管或冷藏保存，很容易變質。盡量趁早冷凍保存，才是守住美味的訣竅。

冷凍白飯

最好把「剛煮好的米飯」「鬆散分裝」！

即便將電子鍋設定成保溫模式，米飯的水分也會逐漸流失，美味度會隨著時間不斷下降。**所以米飯最好一煮好就馬上冷凍！** 把煮好的米飯分成馬上要吃和還沒要吃的份，馬上把還沒要吃的份冷凍起來。不論是要裝入保存容器內，還是要用保鮮膜包覆，**重點在於要分裝得很鬆散**。輕輕按壓不要壓壞米飯再冷凍，可以鎖住米飯內的水蒸氣，還能冷凍保存得很美味。

趁美味度降低前放進冷凍庫！

在等米飯放涼的時間內，美味度也會開始降低，所以**必須儘快將剛煮好的米飯冰進冷凍庫內**。如果冷凍庫內有急速冷凍室就先放進裡面，沒有的話就放在周圍都沒有食材的空間，把保冷劑放在米飯上面。萬一真的沒辦法一定會影響到其他食材的話，就先放涼後再冷凍吧。

冷凍memo

保存容器VS保鮮膜 比較推薦用哪個？

選擇你用得順手的就好，但我比較推薦保存容器！這不僅可以堆疊收納，還能直接放進微波爐加熱，每次都能分裝同等份量的米飯冷凍。最近市面上有販售可以將米飯冷凍保存得很美味、又能直接微波加熱的米飯專用保鮮盒，請務必活用這項工具！

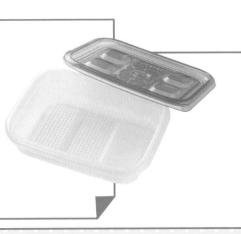

直接將買來的吐司連同包裝袋放進冷凍庫很不OK！
先用保鮮膜包覆才能讓美味不流失

能變得更好吃的

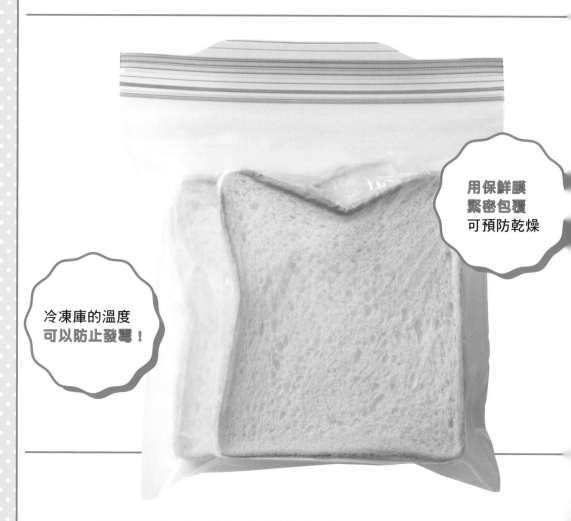

用保鮮膜
緊密包覆
可預防乾燥

冷凍庫的溫度
可以防止發霉！

吐司很容易發霉，放在常溫下會漸漸變乾，所以建議冷凍保存。而且吐司流失水分會變得不好吃，所以買回來不要放著，要馬上冷凍。此外，吐司很容易從切面流失水分，一定要做好保濕對策！

若是連同包裝袋一起冰冷凍，只會讓吐司越來越乾，**一定要一片一片用保鮮膜緊密包覆，再放進保鮮袋內冰冷凍。**

冷凍吐司

「一買來」
就一片一片冷凍！

不論是麵包店的高價吐司、超市的平價吐司，都是剛出爐的最好吃。馬上把現在不會吃的吐司趁新鮮冷凍起來。**尚未分切的整塊吐司要先自行分切成便於食用的大小再冷凍。**

常溫解凍後
再用小烤箱烘烤

冷凍吐司**先以常溫解凍後，再用小烤箱烘烤食用。**若是切薄片的吐司可以不解凍直接烤，但若切成厚片很容易烘烤不均，所以最好先以常溫解凍後再烘烤。

冷凍memo

可以用冷凍吐司
做生麵包粉！

只要把冷凍吐司拿來削成粉，就能馬上做出可以用來炸蝦和做漢堡排的生麵包粉。吐司半解凍後，會變軟不好削，最好是維持硬梆梆的狀態下來削成粉。

隨時可用
超方便！

確實排出空氣
保留風味！

蔥

加熱解凍

直接食用

在冷凍狀態
下用手掰開，
就能用需要
的分量

透過冷凍
讓香氣
也很持久！

易流失香氣的蔥，**直接切成蔥花放保鮮袋內。以不壓壞蔥的力道，確實將空氣排出再冰冷凍，便能保持風味。**只要掰開要用的量再取出，不解凍就能直接丟進溫熱的湯品或炒鍋內。別忘了用完後要再次排出空氣後密封冰冷凍。不解凍直接撒在涼拌豆腐上，就能享受冰涼的蔥花滋味。

冷凍小妙招！

經常會派上用場的辛香料蔬菜，常備在冷凍庫會很輕鬆！

可以不解凍直接丟進味噌湯或其他湯品內！還可以拌進什錦燒和煎蛋捲內，或是加進涼拌菜內，用途多多，也能增添料理的色彩。

只要經過事前處理再冷凍，
可用於各種料理

蘆筍

解凍

加熱解凍

微波解凍

以冷凍狀態
直接烹調，
只要稍微加熱
即可完成！

不僅可拿來
熱炒，也能用
來煮燉菜之類的
燉煮料理

蘆筍先殺菁（稍微汆燙）後再冷凍。**削掉粗皮，
再用加了鹽的滾水煮軟，瀝乾水分放涼。用廚房
紙巾確實擦乾水分，最後切成三等分再裝進保鮮
袋內。**如照片所示排列整齊，就能輕鬆排除空
氣。由於已經汆燙過，在烹調的最後步驟，不用
解凍直接稍微加熱即可完成。

冷凍小妙招！

減少加熱時間，
最後再加入蘆筍

因為蘆筍已經煮熟，烹調時只要
稍微加熱就OK。在烹飪的最後
步驟再加入即可。因為切成適口
大小，也能當作便當菜色。

半解凍的新口感！
打成泥也簡單

酪梨

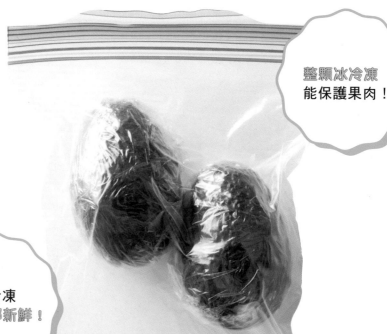

整顆冰冷凍
能保護果肉！

只要冰冷凍
隨時吃都新鮮！

成熟的酪梨無法久放，建議冷凍保存。只要冰冷凍就能維持新鮮狀態。切開來冷凍容易傷到果肉、氧化，最好整顆保存。**用保鮮膜把酪梨連同外皮包覆起來，再放入保鮮袋內排出空氣冰冷凍庫。**只要放冷藏或常溫下半解凍，就可做成沙拉。如果完全解凍，會破壞酪梨的纖維，可以輕鬆打成泥。

冷凍小妙招！

半解凍後直接
變成酪梨冰

解凍至菜刀能輕鬆插入的軟硬度，直接食用可享受宛如冰淇淋的口感。也很建議淋上蜂蜜當作甜點來享用。

與時間賽跑！
沒有馬上要吃的一定要立刻冷凍

毛豆

解凍

常溫解凍

可以保留風味的
冷凍保存
尤佳！

要吃時
放室溫下
自然解凍即可！

毛豆很容易腐壞，而且鮮甜度會隨時間逐漸降低，最好一買來就馬上汆燙並冷凍保存。**帶殼撒鹽搓洗，再放入加了4%鹽的滾水內煮軟。瀝乾水分後放涼，再裝進保鮮袋內，排出空氣冰冷凍。要吃時，只要放室溫下解凍即可。**就算不解凍冰冰涼涼的也很好吃。

冷凍memo

汆燙後千萬不能
泡冷水降溫！

汆燙後若再碰到水，毛豆的風味和營養都會被水分帶走。瀝乾水分後，直接在室溫下放涼即可。

易損傷的秋葵
冷凍保存才安心！

秋葵

解凍

加熱解凍

直接食用

微波解凍

事前處理筆記

若很在意莖的頂端，或是花萼的黑色部分很硬的話，可切除

已經煮熟，可以直接食用或做涼拌菜和沙拉

把秋葵莖的頂端切掉，殺菁（稍微汆燙）後，擦乾水分再裝入保鮮袋內，排出空氣冰冷凍庫。不解凍直接切成適口大小，可做涼拌菜或沙拉。**冷凍秋葵會降低黏性，可以輕鬆分切。**可以不先汆燙就冷凍，烹調時不解凍，直接加入湯裡或炒鍋內加熱烹調。

冷凍memo

秋葵「整支」冷凍殺菁是鐵則！

若先切開秋葵再拿去殺菁，滾水跑進秋葵內不僅會讓秋葵變濕軟，也會流失黏液的成分。務必不要切開直接汆燙。

冷凍能讓
「燉煮」和「醃漬」更省時！

大頭菜

解凍

加熱解凍

流水解凍

▼ 生的對半切開

冷凍過後
燉煮更省時

抹鹽後再冷凍
可做成
醃漬小菜！

切扇形（抹鹽）▲

把生的大頭菜削皮後對半切開，葉子也要洗乾淨並用乾淨水分，切成3～4cm的長度。**個別用保鮮膜包起來再裝進保鮮袋內冷凍，切塊的部分不解凍直接做成燉菜類的燉煮料理，葉子可煮成味噌湯的料或熱炒類。另外，也非常推薦大頭菜抹鹽冷凍！把抹鹽的大頭菜，連同釋出的水分一起裝進保鮮袋內冷凍，只要用流水解凍後，就是一道醃漬小菜。**

冷凍小妙招！

大頭菜葉營養豐富！
不要丟掉拿去冷凍吧

大頭菜葉含有豐富的維生素與礦物質。是營養價值很高的部位，別急著丟掉，冷凍起來當食材非常健康！也能減少食物浪費。

事前處理很麻煩的南瓜
建議冷凍保存！

南瓜

解凍

加熱解凍

微波解凍

▼ 切薄片

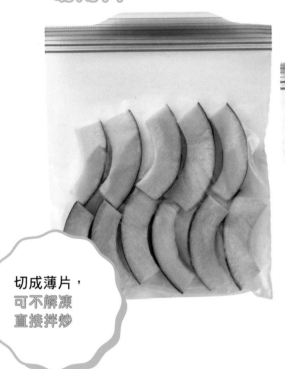

要燉煮或煮湯
都很方便！

切成薄片，
可不解凍
直接拌炒

切成適口大小 ▲

南瓜去籽後，切成5mm的薄片可用來熱炒，而切成適口大小的則用來燉煮。**生的南瓜直接裝進保鮮袋內，排出空氣後冰冷凍。**烹調時不用解凍，用平底鍋直接煸炒薄片的南瓜，而切成適口大小的南瓜則用來燉煮。若有多餘的時間，也很建議把南瓜蒸熟，磨成泥後再冷凍保存。

冷凍小妙招！

蒸熟後冷凍，更能鎖住美味！

將南瓜切成適口大小，再蒸熟至竹籤能輕鬆穿透的軟硬度，放涼後裝入保鮮袋內。不解凍稍微加熱燉煮，滷菜一下子就完成了！

容易吃剩的高麗菜，
分切後冷凍！

高麗菜

解凍

加熱解凍

微波解凍

分切後冰冷凍
不用解凍
就能馬上烹調

最適合
用來加熱烹調！
濕軟好食用

高麗菜切成小塊狀，不管是冷凍保存還是拿來料理都很方便，所以先分切再冷凍吧。**切成約4cm的大小再裝入保鮮袋內，排出空氣冰冷凍庫。**烹調時不須解凍，直接用平底鍋熱炒，或是用來煮湯或做燉菜加熱食用。高麗菜的葉體較硬，裝入保鮮袋容易殘留空氣，要更細心地排出空氣後再冰冷凍。

冷凍小妙招！

切成細絲再冷凍，
可做成涼拌高麗菜絲！

把切成細絲的高麗菜用微波爐稍微加熱，等放涼後擰乾水分，就能做出沙拉或涼拌高麗菜絲。

透過冷凍，提升鮮味！

菇類①

加熱解凍

綜合菇（金針菇、杏鮑菇、鴻禧菇）

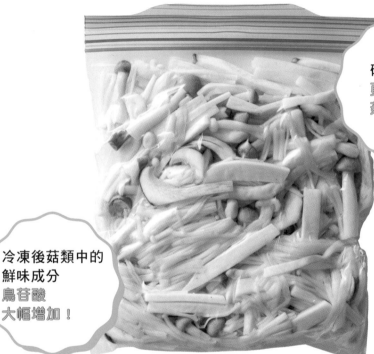

破壞纖維，
更能帶出
菇的鮮甜！

冷凍後菇類中的
鮮味成分
鳥苷酸
大幅增加！

菇類冷凍，**可增加鮮味成分「鳥苷酸」，讓美味更升級！**把金針菇和鴻禧菇的底部切除，撥散成適合大小，杏鮑菇則切成薄片。**裝進保鮮袋內，用力擠壓出空氣再冰冷凍庫。**不解凍可直接用來熱炒。要加進煮湯或炊飯時，加水燉煮更易增加菇類的鮮味。

冷凍小妙招！

混合數種菇類，
相乘效果下變得更美味！

比起只煮一種菇，好幾種菇混合在一起能煮出各種鮮味，讓料理更好吃。建議把菇做成能好品嘗鮮味的火鍋或湯品。

新鮮香菇
▼ 整朵

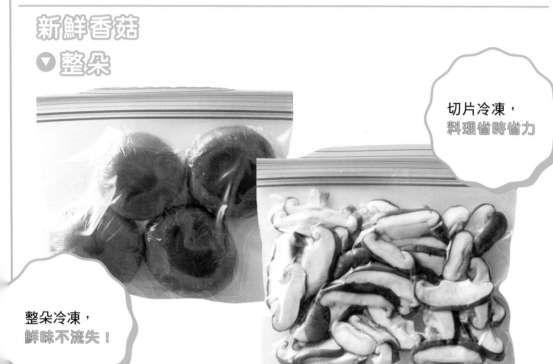

切片冷凍，
料理省時省力

整朵冷凍，
鮮味不流失！

切片 ▲

和其他菇類一樣，新鮮香菇經過冷凍也更易帶出鮮味，也能用在各種料理上。**首先去除香菇梗，用保鮮膜把整朵香菇包起來，再裝進保鮮袋內冷凍**，可以留住鮮味和營養。也可切片後再裝進保鮮袋內，排出空氣後冰冷凍。不解凍直接熱炒或煮湯都很方便。

冷凍小妙招！

冷凍香菇放入水煮
更能增加鮮味！

70℃是容易增加香菇鮮味的溫度，十分推薦把香菇放入水裡慢慢熬煮。要煮火鍋時，可直接把冷凍香菇丟進鍋內加熱。

濃縮鮮味的菇類，
隨時都能使用很方便！

菇類②

解凍

加熱解凍

舞菇

事前處理筆記

用手撕開即可！
撕成同等大小
集中裝進保鮮袋

熱炒和燉煮
都能嘗到
舞菇的鮮甜！

具有豐富香氣，有嚼勁的口感會使人上癮的舞菇，**用手撕成適口大小，裝進保鮮袋內，用力擠壓出空氣再冰冷凍**。不管是煮湯、燉煮還是熱炒，都能品嘗到舞菇的風味。如果有多餘的時間，可嘗試把舞菇炒過後再冷凍。解凍時不會變得濕軟，還能嘗到味道更濃郁的舞菇。

冷凍小妙招！

和肉一起冷凍，
酵素會使肉變得軟嫩！

舞菇有分解蛋白質的酵素，能讓肉變得更軟嫩。非常推薦加入調味料一同醃漬冷凍，作法很簡單！

滑菇

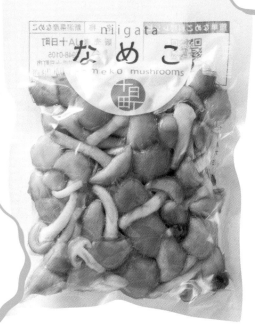

黏性物質
能防止乾燥！

不解凍直接
加進味噌湯
也OK

滑菇內含獨特的黏稠成分可防止乾燥，是很適合冷凍保存的菇類。市售的滑菇已分切處理過，可連同包裝袋一起冷凍，**是不用事前處理的簡便食材。為了留下滑菇上的黏液，不須水洗直接冰冷凍。**要加進味噌湯當湯料時，不須解凍，直接丟進滾水鍋內就OK！輕鬆煮出美味的滑菇料理。

冷凍memo

從袋中取出
冷凍滑菇的訣竅

袋子因冷凍而無法開封時，只要用微波稍微加熱一下即可。只要袋緣有點變軟，就能輕鬆開封。

可以抹鹽，
也可以直接冷凍！

小黃瓜

流水解凍

▼ 抹鹽

整條用保鮮膜
包覆再冷凍
也OK！

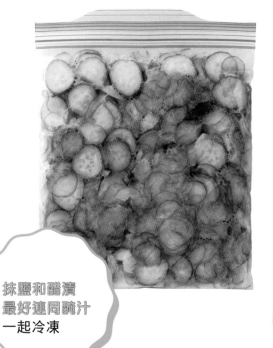

抹鹽和醋漬
最好連同醃汁
一起冷凍

整條 ▲

水分很多的小黃瓜，很適合用抹鹽或醋漬冷凍！
若要抹鹽冷凍，把小黃瓜切成圓薄片，抹鹽出水
後連同醃汁一起倒進保鮮袋內，攤平壓扁薄再冰
冷凍。要使用時，連同袋子一起流水解凍，之後
再把小黃瓜擰乾水分。若是整條冷凍，用保鮮膜
包覆後裝入保鮮袋內冰冷凍。流水解凍後，再直
接用手擰乾水分即可。

冷凍小妙招！

不抹鹽口感變濕軟！
整條冷凍的活用法

小黃瓜整條冷凍會流失水分，不
抹鹽會讓口感變得濕軟。可以製
成醋漬小黃瓜、鹽醃小黃瓜或直
接熱炒，做成減鹽料理。

要直接冷凍或先汆燙都OK！
非常建議冷凍保存的葉菜類

小松菜

解凍

加熱解凍

流水解凍

微波解凍

直接食用

▼ 生的

殺菁後會讓
味道更甘甜

切好裝進保鮮袋
只要這樣就OK！

殺菁 ▲

小松菜可以直接生的冷凍，切除根部，再**分切成4cm的長度，把葉與梗一起裝進保鮮袋內，確實排出空氣後冰冷凍**。食用時不用解凍可直接熱炒、煮湯或燉煮。而且**小松菜跟其他葉菜類一樣，加熱殺菁（稍微汆燙）後，更能鎖住美味**。擠掉過多的水分會讓鮮味流失，只須輕輕擰乾水分再裝進保鮮袋即可。

冷凍小妙招！

冷凍效果可破壞纖維，只加麵味露就是一道涼拌菜

只要在冷凍生小松菜的袋內倒入麵味露，就做好一道涼拌菜。冷凍會破壞菜裡的纖維，不開火就能完成一道菜。

要花時間處理的牛蒡，
一次處理起來，冷凍保存

牛蒡

解凍

加熱解凍

▼ 斜切

清洗表面後，
不須削皮、
不須泡水！

加熱一下很快熟，
麻煩的牛蒡
也能輕鬆處理

切絲 ▲

事前處理很麻煩的牛蒡，一口氣整理起來會很方便！去除泥沙清洗表面，再擦乾水分。**牛蒡皮風味絕佳又富含營養，可帶皮食用。**要燉煮或熱炒時，可斜切成厚片，裝進保鮮袋。切成牛蒡絲會更方便。牛蒡泡水會吸收水分，冷凍起來更會結冰晶，所以不要泡過水再冷凍。

冷凍memo

**牛蒡絲先炒過再冷凍，
烹調起來更輕鬆！**

把牛蒡絲稍微炒過後再冷凍，因為已經有點煮熟，解凍時只要稍微加熱一下即可。像是豬肉味噌湯這類，只要在最後「加一點牛蒡絲」，就能輕鬆完成料理。

可以輕鬆去皮，真感動！

芋頭

解凍

加熱解凍

微波解凍

可以做
醬燒芋頭和
奶油芋頭燒！

芋頭冷凍後，
可以輕鬆剝皮！

芋頭帶皮清洗，確實擦乾水分後，再用保鮮膜整顆包起來，裝進保鮮袋內，排出空氣冰冷凍庫。解凍時，只要包著保鮮膜，每一顆都用600W微波加熱約90秒，上下翻面再加熱90秒。內芯就會熟透，趁熱剝皮後進行烹調。做成醬燒芋頭或奶油芋頭燒，可以享受芋頭鬆軟的口感。

冷凍小妙招！

芋頭冷凍後再剝皮，值得一試！

芋頭包著保鮮膜用微波加熱，趁熱隔著廚房紙巾，一邊注意別被燙傷，一邊剝芋頭皮。輕輕鬆鬆就能把外皮剝掉了！

要生的切圓片再冷凍，
或是烤過後再冷凍都OK

番薯

加熱解凍

切圓片

事前處理筆記

生的切圓片後，
直接裝保鮮袋！

不論是燉煮、
油炸，還是用
平底鍋乾煎，
都很好吃

容易大量購買的番薯，生的直接冷凍也OK。番薯皮也有營養成分，建議**帶皮直接冷凍**。充分洗淨外皮，再擦乾水分，切成1cm厚的圓片，裝進保鮮袋內，排出空氣冰冷凍。**可以不解凍直接烹調多種料理**，可以燉煮、加進味噌湯內，或是直接排列在平底鍋內乾煎，也很好吃。

冷凍小妙招！

生的直接冷凍，
烹調不易鬆散

番薯不加熱，只分切後再冷凍，之後烹調比較不易鬆散。不僅容易煮透，就連成品都能處理得很漂亮。

解凍

常溫解凍

微波解凍

直接食用

烤番薯

很適合做成
綿密口感的
烤番薯

放室溫下
半解凍，
變身成極品甜點

冷凍小妙招！

和冰淇淋、
奶油非常對味！

冷凍烤番薯很適合搭配冰淇淋、
鮮奶油和奶油一起吃。只要將佐
料放在半解凍的烤番薯邊，華麗
變身為極品甜點！

烤番薯非常建議冷凍保存，冷凍起來更好吃！**將
整條烤番薯用保鮮膜包覆，再裝進保鮮袋內冰冷
凍即可。要吃時，雖然可以用微波加熱，但請務
必試試看放室溫下，在半解凍的狀態下品嘗。**冰
涼的烤番薯帶出甜味，瞬間變成濃郁的甜點。比
起做成鬆軟口感比較好吃的番薯，用安納薯和紅
春香薯這些品種，更適合做成有綿密口感的冷凍
番薯。

冷凍後可以只拿要用的份量！

紫蘇葉

解凍

加熱解凍

直接食用

容易用剩的紫蘇，
只要冷凍
就能留住香氣

料理所需的
辛香料，
隨時可用！

香氣馥郁的紫蘇葉，一次要用的量很少，很容易用剩。這時就把紫蘇葉冷凍起來吧。解凍後的紫蘇葉，因為容易流失水分，顏色會變黑，但**香氣和風味依然留存**，常用在料理的提味。**重疊3～4片紫蘇葉，用保鮮膜包覆，裝進保鮮袋內，確實排出空氣後冷凍保存**。要用時，直接取出不解凍，只切要用的分量即可。

冷凍小妙招！

**加進茶泡飯和
義大利麵增添風味！**

放在冷藏很快就壞的紫蘇葉，只要冷凍便能長期保存。加進茶泡飯或義大利麵裡會變得很好吃。

馬鈴薯

蒸熟後冷凍保存，
鎖住美味！

解凍

加熱解凍

微波解凍

> 蒸熟後冷凍，
> 便能運用在
> 各種料理上！

> 不論是當作
> 料理的佐料
> 或做成馬鈴薯泥
> 都很推薦！

很多人以為馬鈴薯可以久放，其實它很容易壞，所以建議蒸熟後冷凍保存。用水清洗過的馬鈴薯，整顆帶皮蒸熟放涼後，一顆顆用保鮮膜包起來再裝進保鮮袋內冰冷凍。要用時，只要微波加熱，就能維持鬆軟的口感。可以搗碎輕鬆做成馬鈴薯泥或馬鈴薯沙拉。

冷凍小妙招！

**蒸熟後再冷凍，
可保有口感！**

馬鈴薯直接冷凍，解凍時會出水，使口感變差。帶皮蒸熟，不但不會出水，還能保持美味的鬆軟口感。

整塊冷凍就能留住
香氣和風味！

薑

加熱解凍

直接食用

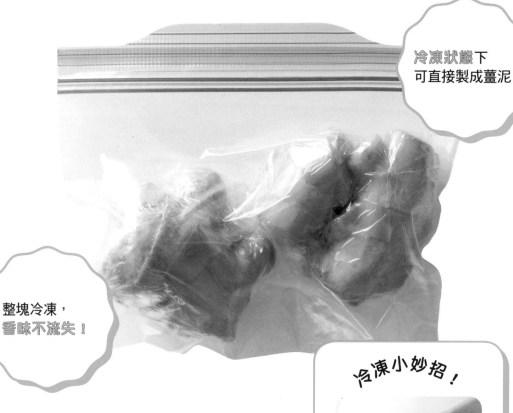

冷凍狀態下
可直接製成薑泥

整塊冷凍，
香味不流失！

冷凍小妙招！

帶皮整塊磨成泥，
可品嘗到薑的香氣！

經常只會用到少量的薑，就用能留住風味的冷凍
保存來維持香氣吧。**保留外皮可以防止乾燥和氧
化，最好帶皮冷凍保存。充分洗淨，帶皮整塊用
保鮮膜包覆，裝進保鮮袋內冷凍。**要用時不須解
凍！只要將要用的分量磨成泥，對只需使用少量
薑泥時非常重要。

將冷凍的薑帶皮磨成泥，剩下
的再用保鮮膜包住冰回冷凍
庫。薑的皮也有風味，可做出
香氣馥郁的薑泥。

用殺菁維持新鮮度

甜豌豆

加熱解凍

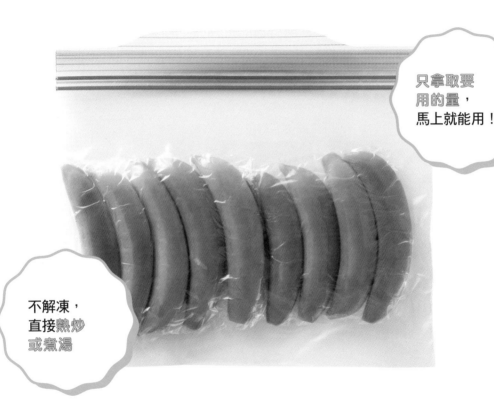

只拿取要
用的量,
馬上就能用!

不解凍,
直接熱炒
或煮湯

容易變質的甜豌豆,要趁新鮮殺菁(稍微汆燙)後冷凍保存。**去頭和粗梗後,用加鹽的滾水煮軟,用冰水或流水降溫。確實擦乾水分,分好幾根一起包上保鮮膜,再裝入保鮮袋內,排出空氣後冰冷凍。**若是要做成沙拉或直接吃時,須再次用水稍微汆燙過,而熱炒和煮湯則不須解凍。

冷凍小妙招!

甜豌豆容易變質,
買回來後要馬上冷凍!

容易變質的甜豌豆,想在之後還能品嘗它的鮮甜,建議一買回來就殺菁冷凍。事先去頭和粗梗,可以節省烹調時間。

選擇切法，
就能享受各種吃法！

白蘿蔔

解凍

加熱解凍

流水解凍

微波解凍

切扇形（燉煮用）▼

爽脆口感的
涼拌菜，
馬上就能吃到！

直接丟鍋裡！
滷菜馬上好

▲ 切扇形（鹽漬）

原本買來一根漂亮的白蘿蔔，卻很容易吃剩。如果**分成涼拌菜、燉煮用，個別冷凍，就能享受豐富的菜色變化。只要切成薄扇形鹽漬，連同醃汁一起冷凍。**要吃時，連同保鮮袋一起流水解凍，就能直接食用。此外，切成厚扇形，生鮮冷凍，不解凍直接加進滷鍋或煮湯很容易煮透，使用起來都很方便。

冷凍小妙招！

還有許多白蘿蔔的
冷凍變化！

切細絲冷凍，可以不解凍，直接當作煮湯的配料。白蘿蔔葉可以像P.65的大頭菜葉一樣，用保鮮膜包起來冷凍。

白蘿蔔泥

事前處理筆記

不擰乾水分
也OK！
一起裝進保鮮袋

只要一次處理
磨成泥，
超簡單！

我很推薦直接冷凍白蘿蔔泥，用起來很方便！**不擰乾水分直接裝保鮮袋，排出空氣後密封。只要攤平冷凍，要吃時只將要用的分量掰開，用微波稍微加熱解凍就能使用。**在做烤魚或火鍋沾醬時，很常用於料理的佐料。

冷凍小妙招！

冷凍白蘿蔔高級篇！
可依各部位分別冷凍

白蘿蔔的上半部較甘甜，下半部則較嗆辣。上半部可做成涼拌菜或滷菜，而下半部可磨成泥冷凍後，會更增添風味。

不能冷凍的竹筍，
只要連同湯汁一起冷凍就OK！

竹筍（水煮）

解凍

加熱解凍

流水解凍

事前處理筆記

切成小薄片，
連同湯汁
一起冷凍！

只需加熱一下，
就能馬上做出
滷菜和筍湯

竹筍雖然要汆燙後再冷凍，但已水煮過的竹筍可直接冰冷凍。不過，若切得太大塊會影響口感，建議先切成小薄片或小塊狀，再將竹筍泡在湯汁內，連同湯汁一起冷凍。要吃時，只要直接流水解凍，或是連同湯汁倒出一起加熱，就能做出竹筍炊飯或滷菜。

冷凍memo

倒入能浸泡所有竹筍的湯汁分量

竹筍只要沒有水分，口感會變得很老，所以一定要和水分一起冷凍。湯汁必須加到能淹過竹筍的量才行。

冷凍可節省料理時間，
更帶出鮮味！

洋蔥

解凍

加熱解凍

▼ 切碎末

能快速煮熟，
熱炒和煮咖哩
更省時

透過冷凍效果，
易帶出鮮甜味！

切條狀 ▲

洋蔥一旦冷凍後，纖維被破壞容易帶出鮮甜味，
是很適合冷凍的方便食材！事先切成條狀或碎
末，可用於各式各樣料理。**將洋蔥個別裝入保鮮
袋內，排出空氣後冰冷凍**。要烹調時，不解凍直
接倒入鍋內加熱。洋蔥能快速煮熟，非常省時。

冷凍小妙招！

**可在短時間內
做出焦糖洋蔥！**

直接翻炒冷凍洋蔥，由於內部纖
維已被破壞的關係，可在短時間
內炒出焦糖色澤。能馬上做出洋
蔥湯、咖哩和肉醬。

不論是加熱,還是不解凍,
都是美味的萬用食材!

番茄

整顆

不解凍,
可直接磨成泥,
活用各種料理!

可以直接加入
咖哩之類的
料理內加熱!

番茄是個能享受各種吃法的蔬果。**去掉蒂頭,再用保鮮膜以茶巾包法包覆,裝進保鮮袋內冰冷凍,之後不解凍直接泡水,可輕鬆剝除外皮。**直接磨成泥製成雪酪,可做成適合酷暑時的小菜,也可活用於湯品或醬汁。若要煮像是咖哩之類的燉煮料理,不須解凍,整顆下鍋煮爛即可!

冷凍小妙招!

**番茄磨成泥可製成
清爽的番茄雪酪!**

不需解凍,直接進水中去皮,再用磨泥器磨成泥,加點橄欖油和鹽,即可完成清爽的番茄雪酪。

冷凍memo

茶巾包法

❶去掉番茄的蒂頭，放置在保鮮膜正中央。
❷把番茄包起來並小心不讓空氣進入。
❸保鮮膜多餘的部分，往上整理成一束。
❹將那一束保鮮膜扭轉成一條細繩。

將細繩打結
即可完成！

切塊

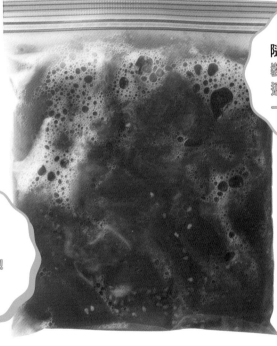

隨意切塊，
**裝袋時攤平，
連同番茄汁
一起冷凍**

用手掰開
要用的分量！

建議把番茄切塊後再冷凍！**把隨意切塊後的番茄，連同番茄汁一起裝入保鮮袋內，確實排出空氣後密封。用手將袋內的番茄均勻攤平再冰冷凍。**使用時只須用手掰開要用的份量。由於纖維已被破壞，可輕鬆做出茄汁，要加入料理內提味也很方便。

冷凍小妙招！

**可煮義大利麵和煮湯！
活用冷凍番茄的精華**

番茄經過冷凍，纖維一旦被破壞，容易釋放出濃縮的番茄鮮甜精華。運用在義大利麵或湯品上，可充分品嘗到番茄的鮮甜。

趁新鮮冷凍，
是好吃的祕訣！

玉米

解凍

 加熱解凍　常溫解凍

 微波解凍　直接食用

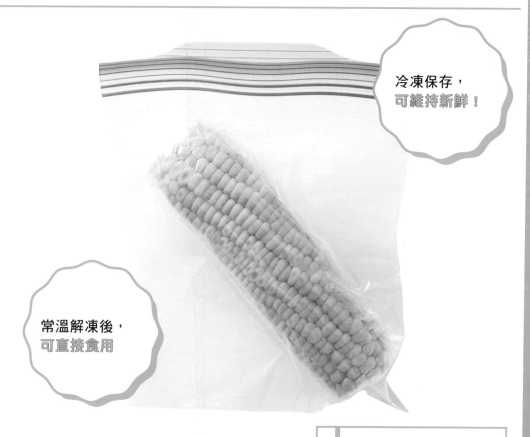

冷凍保存，
可維持新鮮！

常溫解凍後，
可直接食用

玉米**容易變質**，建議把吃不完的玉米冷凍保存。最好選購新鮮的玉米，**馬上去除外皮，用已加鹽的滾水汆燙煮軟，瀝乾水分後放涼。用保鮮膜包覆後裝入保鮮袋內，排出空氣後冰冷凍。要吃時，直接放室溫以常溫解凍。**或是不解凍，冰冰涼涼的也很好吃。

冷凍memo

**玉米汆燙後，
不可泡冷水！**

玉米汆燙後若泡冷水，容易走味。應該在汆燙後瀝乾水分直接放涼。

1天5分鐘居家斷捨離
山下英子的極簡住家實踐法則
×68個場景收納【全圖解】
作者／山下英子 定價／399元 出版社／台灣廣廈

★從玄關、客廳到廚房、洗手間等，自宅斷捨離實境全圖解
★全書皆以真實相片圖解說明，將居家斷捨離的要點及作法毫不藏私分享給你！

放大格局，妳可以自帶光芒
寫給女人提升自我價值的七堂課，
就算面對軟弱、情緒、困境，也能保有自信與從容
作者／曾雅嫻 定價／399元 出版社／蘋果屋

擁有百萬粉絲的新生代作家，寫給所有女性的暖心力作。上市一週即勇奪當當網勵志暢銷榜冠軍！網友好評率99.9%！
「這本書會打開妳被遮蔽的光芒，自信滿滿地迎接這世間的愛和善意。」

只是投資失利，又不是世界末日
心理學家因投資失敗，而在跳海前
所領悟到「重設人生」終結虧損的法則
作者／金炯俊 定價／399元 出版社／蘋果屋

一本「投資前必須讀、萬一投資失敗後更一定要看」的「終結虧損心理學」！
投資理財KOL／慢活夫妻George & Dewi共感推薦

我的哈佛數學課
跳脫解法、不必死記，
專門教出常春藤名校學生的名師教你
「戰勝數學的方法」，再也不必怕數學！
作者／鄭光根 定價／420元 出版社／美藝學苑

曾經落榜三次的哈佛畢業名師，從自身與教學經驗領悟，「為什麼要學數學？」「該怎麼學好數學？」的根本答案。本書帶你突破學習盲點，建立解決問題的邏輯思考力。

真希望國中數學這樣教
暢銷20萬冊！6天搞懂3年數學關鍵原理，
跟著東大教授學，解題力大提升！
作者／西成活裕 定價／399元 出版社／美藝學苑

專為不擅長數學的你所設計，自學、教學、個人指導都好用！應用數學專家帶你透過推理和演算，6天打敗國中數學，同時鍛鍊天天用得到的邏輯力和思考耐力！

真希望高中數學這樣教
系列暢銷20萬冊！跟著東大教授的解題祕訣，
6天掌握高中數學關鍵
作者／西成活裕、郷和貴 定價／480元 出版社／美藝學苑

輕鬆詼諧的手繪圖解×真誠幽默的對話方式，無痛掌握數學關鍵！一本「即使是文組生，也絕對能夠完理解」的知識型漫畫，馴服數字，就從這裡開始！

探心理・玩耍力・知識力・輕科普 創造屬於自己的美好生活

散步新東京
9大必去地區 ×158個朝聖熱點，
內行人寫給你的「最新旅遊地圖情報誌」
作者／杉浦爽　定價／399元　出版社／蘋果屋

東京，那個你每年都想去的城市，現在變成了什麼樣子呢？在地人氣插畫家用1000張以上手繪插圖，帶你重新探索這個古老又新潮的魅力城市！悶了這麼久，趕快來計畫一場東京小旅行吧！

初學者的自然系花草刺繡【全圖解】
應用22種基礎針法，
繡出優雅的花卉平面繡與立體繡作品
（附QR CODE教學影片＋原寸繡圖）
作者／張美娜　定價／550元　出版社／蘋果屋

定格全圖解＋實境示範影片，打造最清晰易懂的花草刺繡入門書！收錄5種主題色 ×32款刺繡作品，從繡一朵單色小花開始，練習繡出繽紛的花束、花環與花籃！

一體成型！輪針編織入門書
20個基礎技巧 ×3種百搭款式，
輕鬆編出「Top-down knit」韓系簡約風上衣
【附QR碼示範影片】
作者／金寶謙　定價／499元　出版社／蘋果屋

從領口一路織到衣襬就完成！慵懶時髦的高領手織毛衣、泡袖手織漁夫毛衣、舒適馬海毛開襟衫……超人氣編織老師金寶謙，帶你從基礎開始，一步一步做出自己的專屬手織服！

【全圖解】初學者の鉤織入門BOOK
只要9種鉤針編織法就能完成
23款實用又可愛的生活小物（附QR code教學影片）
作者／金倫廷　定價／450元　出版社／蘋果屋

韓國各大企業、百貨、手作刊物競相邀約開課與合作，被稱為「鉤織老師們的老師」、人氣NO.1的露西老師，集結多年豐富教學經驗，以初學者角度設計的鉤織基礎書，讓你一邊學習編織技巧，一邊就做出可愛又實用的風格小物！

真正用得到！基礎縫紉書
手縫 ×機縫 ×刺繡一次學會
在家就能修改衣褲、製作托特包等風格小物
作者／羽田美香、加藤優香　定價／380元　出版社／蘋果屋

專為初學者設計，帶你從零開始熟習材料、打好基礎到精通活用！自己完成各式生活衣物縫補、手作出獨特布料小物。

冷凍效果讓大蔥有軟嫩的口感！

大蔥

解凍

加熱解凍

直接食用

▼斜切蔥段

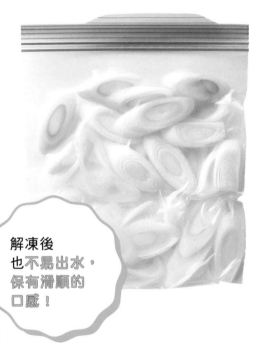

解凍後
也**不易出水**，
保有滑順的
口感！

可以少量使用，
當作冷凍庫內的
常備辛香料

切成蔥花 ▲

隨時都用得到的大蔥，冷凍保存常備著，便能馬上使用。**斜切蔥段裝進保鮮袋內，確實排出空氣再冰冷凍**。不解凍，直接拿來熱炒或煮湯，因冷凍效果的關係，大蔥會有軟嫩滑順的口感。**若要當作辛香料使用，則切成蔥花放進保鮮袋內冷凍**，要用時，可隨時取出要用的分量。

冷凍小妙招！

大蔥的綠色部位，冷凍備用也很方便！

大蔥的綠色部位，若不馬上用，很容易被丟棄。只要冷凍保存，拿來做成醃漬用的提味蔬菜，或用來熬湯都很便利。

冷凍方式不同，
可享受不一樣的口感！

茄子

加熱解凍

生的

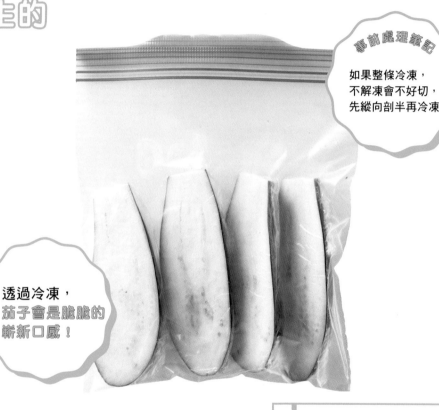

事前處理筆記

如果整條冷凍，
不解凍會不好切，
先縱向剖半再冷凍

透過冷凍，
茄子會是脆脆的
嶄新口感！

去掉茄子的蒂頭和花萼，縱向剖半，並個別用保鮮膜包覆，再放進保鮮袋內，排出空氣冰冷凍。要用時，不解凍，直接切成適口大小，可用於熱炒，或是普羅旺斯燉菜等燉煮料理，也可加入味噌湯內。**直接冷凍生茄子，纖維會被凍結住，可以享受像淺漬小菜般的爽脆口感。**

冷凍memo

先將生茄子
縱向剖半再冰冷凍

若將一整條茄子不分切直接冷凍，冷凍茄子在砧板上會不穩定，變得不好切。所以建議要事先縱向剖半再冰冷凍。

解凍

加熱解凍

流水解凍

微波解凍

加熱過

事前處理筆記

在削過皮的茄子上淋上沙拉油,再微波加熱!

滑溜的口感令人無法自拔!

想要品嘗茄子的滑溜口感,建議先加熱後再冷凍!茄子削皮後,縱向切成四等分,再**淋上沙拉油,讓茄子和油充分混合,再輕輕蓋上保鮮膜,用微波爐加熱,再裝進保鮮袋內冰冷凍**,就完成了滑溜的冷凍茄子!要吃時,只須微波解凍,再撒上辛香料和淋上一點醬油,就能快速完成一道配菜。

冷凍小妙招!

美味的祕密就是淋油加熱!

油可在茄子的表面形成保護膜,不僅易煮熟,還能防止水分流失,可保有茄子的滑溜口感。

山藥不解凍，直接磨成泥，
就能做出蓬鬆的山藥泥!?

山藥

解凍

直接食用

削皮後
用保鮮膜包覆，
再**整根冷凍**！

新鮮現磨，
蓬鬆的新口感！

冷凍小妙招！

**不解凍直接磨成泥，
山藥不黏滑，可便於作業！**

山藥有黏稠的成分，拿在手上
要磨成泥會黏糊糊的，但若先
冷凍起來再磨成泥，不會手滑
很方便。

買來一根山藥，卻怎樣都吃不完，若冷凍起來，
就能**隨時吃到所需分量的山藥泥。削皮後，將較
粗的部分配合手的大小，縱向切成四等分**，並個
別用保鮮膜**緊密貼合包住，放保鮮袋內冰冷凍。**
不解凍直接磨成泥，起初可以嘗到像雪一樣蓬鬆
的口感，待融化後，就變成了綿密的山
藥泥。

經過冷凍，
保持風味！

韭菜

加熱解凍

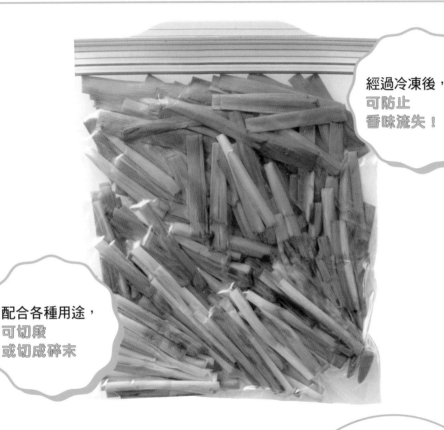

經過冷凍後，
**可防止
香味流失！**

**配合各種用途，
可切段
或切成碎末**

韭菜的香味易流失，是很適合冷凍保存的辛香料
蔬菜。**用水大致洗過，把泥土髒污沖掉，用廚房
紙巾確實擦乾水分。再切成5～6cm的長度，裝進
保鮮袋內，排出空氣後密封袋口再冰冷凍。**為了
不讓香氣流失，確實排出空氣很重要。烹調時，
可不解凍直接加進熱炒或湯品內。

冷凍小妙招！

**可做成餃子餡或湯料！
很適合切成碎末冷凍保存**

韭菜非常適合切成碎末，拿來煮
湯或做成餃子餡。不解凍，直接
和絞肉拌勻，或是加進湯內、拌
入醬料，用途十分廣泛。

紅蘿蔔

不同的冷凍方式，
可享受各種料理

涼拌紅蘿蔔絲

切成小塊狀，
不用擔心
口感不佳！

事先調味，
軟化後再冷凍！

▲ 切扇形

把切成扇形薄片的紅蘿蔔放進保鮮袋內，將紅蘿蔔攤平，排出空氣後冰冷凍。可以不解凍，直接用來熱炒或煮湯。另外，切成5～6cm長的細絲，加入鹽、橄欖油和檸檬汁充分拌勻，連同醃汁一起裝袋冰冷凍，就是一道有爽脆口感的涼拌紅蘿蔔絲。要吃時請用流水解凍。

冷凍小妙招！

烹調時用不完的量，
可切成小薄片冷凍保存

紅蘿蔔切得太大塊冰冷凍，之後怎麼烹調，口感都會變得很差，因此建議切成小薄片冷凍保存。

冷凍可保留香氣與風味

蒜

解凍

加熱解凍

切成蒜末 ▼

蒜皮可取代
保鮮膜
防止水分流失

切成碎末，
只要取需要的
分量即可，
非常方便！

▲ 整粒帶皮

把一球大蒜，剝成一瓣一瓣的，不要剝皮裝進保鮮袋內冰冷凍。蒜皮可預防水分流失，冷凍後還能保留香氣與風味，而且蒜皮也會變得很好剝。要用時，不須解凍，直接切除大蒜兩端再剝皮，並切成想要的形狀。若是事先**切成蒜末，用保鮮膜包住後放保鮮袋冷凍保存**，用於事前調味或增添熱炒的風味也非常方便。

冷凍小妙招！

做成大蒜醬油超簡單！
經過冷凍的大蒜，更易帶出風味

剝除冷凍大蒜的蒜皮，切成薄片裝進容器內，倒入可淹過大蒜的醬油分量，靜置一天，輕輕鬆鬆做出大蒜醬油！

將用不完的大白菜分切冷凍，
下次就能馬上使用！

大白菜

解凍

加熱解凍

事前處理筆記

切成適口大小，
直接將生大白菜
裝進袋內！

經過冷凍，
大白菜的甜味
會溶進湯裡

買一整顆大白菜，很容易吃不完，那就把吃不完的部分盡早冷凍保存吧。**把大白菜切成適口大小，直接裝進保鮮袋內，擠壓出空氣後密封袋口，冰冷凍保存。不須解凍，可直接熱炒或煮湯。特別推薦煮鍋類或燉煮料理**，大白菜容易溶出甘甜，會讓料理變得更好吃。

冷凍小妙招！

**馬上能煮軟，
煮火鍋或燉煮料理更省時**

將生大白菜煮成火鍋，需要花點時間才能煮軟，但若經過冷凍，破壞纖維後，就能馬上煮軟大白菜，非常方便食用。

香菜切好冷凍，
獨特香氣隨時可上桌！

香菜

解凍

加熱解凍

直接食用

不須解凍
就能當作
辛香料使用

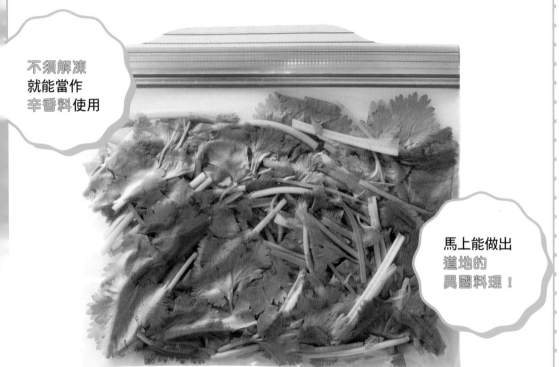

馬上能做出
道地的
異國料理！

擁有獨特香氣會令人上癮的香菜，容易因乾燥而流失風味，所以**切成碎末放進保鮮袋內，並確實排出空氣冰冷凍，變顯得十分重要**。香菜梗的香氣較濃郁，千萬別丟掉，也一起冷凍。不解凍，可直接熱炒、煮湯，或是撒進泡麵裡，就能搖身一變，成為在當地路邊攤才能吃得到的異國風味料理！

冷凍memo

該怎麼選購
可以享受香氣的香菜

比起氣味清淡像沙拉的香菜，不如選購氣味濃郁的香菜。冷凍後，香氣不易流失，可品嘗到新鮮美味。

冷凍後可輕鬆做成碎末！

洋香菜葉

加熱解凍

直接食用

可增添料理色彩，
或拌入醬汁內，
有許多用途

冷凍洋香菜葉
隔著保鮮袋
用手搓揉
就變成碎末了

為了增添料理色彩，通常只需用到少量的洋香菜葉，而冷凍後便可輕鬆做成碎末。切除較硬的梗，**裝入保鮮袋內，排出空氣再冷凍**。使用時不須解凍，直接用手搓揉保鮮袋，就能把洋香菜葉弄得粉碎，輕鬆做出碎末。不捏碎，直接煮湯或熱炒也很好吃。

冷凍小妙招！

**增添風味的洋香菜葉，
時常備用會十分便利！**

可增添料理色彩，或拌入醬汁內，可因應料理發揮創意做出各種變化，便於增添各種料理的不同風味。

冷凍後會讓苦味變得溫和，
也更易入口！

青椒、甜椒

解凍

加熱解凍

微波解凍

> 切細絲冷凍，
> 可以只取
> 要用的分量！

> 經過冷凍效果，
> 可降低苦味，
> 容易煮得入味

青椒去蒂頭去籽，**切成細絲裝進保鮮袋內，攤平後確實排出空氣再冰冷凍。**要用時不須解凍，直接倒進平底鍋拌炒。**青椒經過冷凍後，可降低獨特的苦味，讓孩子也敢吃。**此外，甜椒也是用同樣方式來冷凍。冷凍過的甜椒，建議可直接淋上滷汁，等待解凍後享用。

甜椒 ▶

冷凍小妙招！

**「調味料解凍」，
做成一道美味佳餚！**

在冷凍青椒或冷凍甜椒的保鮮袋內，加進麵味露或滷汁等調味料，靜置室溫下10分鐘，就能解凍和調味，瞬間就完成一道菜！

殺菁保持新鮮！

青花菜

解凍

加熱解凍

微波解凍

稍微汆燙一下就冷凍，**可保持新鮮！**

因為已汆燙過，**解凍時只要稍微加熱就OK！**

把青花菜分切成小株，**用加鹽的滾水殺菁（稍微汆燙）**，不用泡水，直接在室溫下放涼。擦乾水分後裝進保鮮袋內，排出空氣冰冷凍。因為已加熱過，可節省加熱烹調的時間，所以把冷凍青花菜放在撈網上，並淋下滾燙熱水，再利用外圍的餘溫融化內芯即可享用。

冷凍memo

汆燙後不泡水的原因

青花菜若過水，會讓菜包含水分，冷凍時會結霜，風味會跑掉。所以汆燙後的正確作法是「在常溫下放涼」！

破壞酵素的活性，
保持風味和新鮮！

菠菜

解凍

加熱解凍

流水解凍

微波解凍

可透過殺菁，
守住菠菜的
風味！

只要將菠菜
攤平冷凍，
就能用手掰開
要用的分量

菠菜容易變質，買來後要馬上殺菁冰冷凍，才能守住新鮮度。用加鹽的滾水稍微煮軟，用冰水或流水來降溫。擰乾菠菜上的水分後，切成適口大小，裝進保鮮袋內攤平，並排出空氣再冰冷凍。由於已經加熱過，所以烹調時要注意勿過度加熱，在煮味噌湯等其他湯品時，於最後步驟再加入即可。

冷凍小妙招！

冷凍菠菜
可迅速做出奶油菠菜！

把奶油和冷凍菠菜一起倒進已預熱的平底鍋內，快速拌炒就完成了！因為已事先汆燙過，只須稍微加熱就OK。

經過冷凍效果可輕鬆去皮，
還能做成精緻的涼拌番茄！

小番茄

解凍

加熱解凍

直接食用

只要清洗過
**直接裝進
保鮮袋內**
即可！

只要冷凍，
就能**輕鬆做出**
精緻的涼拌小菜

小番茄**去蒂頭，裝入保鮮袋內排出空氣再冰冷凍**。要用時，把冷凍小番茄泡進水裡就能剝皮，淋上醬汁就變成了精緻的涼拌番茄。**不解凍或半解凍，直接食用可嘗到冰涼口感。**另外，也可以用平底鍋熱炒成番茄醬汁或是煮湯。只需取出要用的量即可，非常方便。

冷凍小妙招！

冷凍小番茄
可輕鬆去皮

小番茄的體積小，不容易去皮，
但只要將冷凍小番茄泡一下水，
就能變成輕鬆去皮的省時料理。

保鮮膜緊密貼合，可留住風味！

蘘荷（茗荷）

解凍

直接食用

冷凍後的蘘荷，
香氣、風味
不流失

事先剖半，
不解凍要分切
也很方便！

蘘荷當作辛香料來使用，很容易用剩，先**縱向剖半，兩兩一組用保鮮膜包覆，放入保鮮袋內冷凍保存**，確實排出空氣冷凍可以留住香氣。**要用時不解凍，直接分切使用。**建議跟蔥、薑一起切成碎末，做成綜合辛香料，冷凍備用。

冷凍小妙招！

適合當作涼拌豆腐和涼麵等涼拌料理的辛香料！

蘘荷可以不解凍直接分切，當作辛香料用於涼拌料理上。可直接切成適口大小或碎末，撒在涼麵或涼拌豆腐上食用。

省錢好幫手常備菜
冷凍後盡速使用！

豆芽菜

加熱解凍

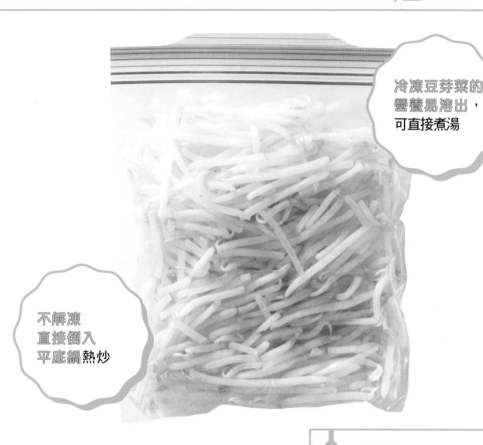

冷凍豆芽菜的
營養易溶出，
可直接煮湯

不解凍
直接倒入
平底鍋熱炒

豆芽菜是省錢的好幫手，但卻很容易壞，建議買來就要馬上冷凍保存。**把生豆芽菜直接裝進保鮮袋內，確實排出空氣再冰冷凍。**冷凍效果破壞了纖維，容易讓豆芽菜內的營養溶出，**建議不解凍直接拿來煮湯。**要用於熱炒時，不解凍直接用大火快炒。也可以先做成涼拌豆芽菜再冷凍保存。

冷凍memo

豆芽菜易結霜，
要趁早用完！

豆芽菜是個在冷凍時，無論如何都很容易結霜的食材。在被結霜影響風味前，應趁早食用完畢。

不泡水去澀的簡單冷凍術！

蓮藕

加熱解凍

半圓片 ▼

減少剖面
與空氣接觸，
剖半能維持
新鮮度！

已事前處理過，
可迅速
烹調完畢

▲ 剖半

蓮藕一泡水就會走味，而且吸收了水分，在冷凍時容易結霜，記得要不泡水直接冰冷凍。雖然多少會變色，但能保留美味。**蓮藕去皮後剖半，用保鮮膜包覆後放入保鮮袋內冰冷凍。**烹調時，可放室溫下2～3分鐘，稍微解凍後，用菜刀分切。另外，**切成寬1cm半圓片的蓮藕，不須解凍直接加熱更省時。**

冷凍memo

分切後馬上冷凍，
是防止氧化&變色的訣竅

蓮藕的剖面容易氧化和變色。分切後要馬上用保鮮膜包覆剖面，再放入保鮮袋內盡早冷凍保存。

低溫＋乾燥的冷凍庫，
非常適合保存辛香料！

辛香料

不須解凍

冷凍辛香料，
可以長期保存！

辛香料經過冷凍，
可維持風味
與香氣

冷凍memo

集中保存，
能馬上取出使用！

很零碎的辛香料，在冷凍庫很
容易找不到。若集中放進保鮮
袋內保存，能省去翻找的時
間，且冷凍保存還能維持香
氣。

溫度越高越容易流失香氣的辛香料，若放在瓦斯
爐旁或置於室溫下，很容易流失風味。所以低溫
又乾燥的冷凍庫最適合用來保存辛香料。依照不
同的辛香料，分別裝進透明夾鍊袋內，或是用保
鮮膜包覆，再集中裝進保鮮袋內冰冷凍。辛香料
內的水分很少，即使冷凍後也能直接使用。使用
完畢要馬上冰回冷凍庫。

用不完的新鮮香草，
用冷凍守住香氣！

香草類

解凍

加熱解凍

不須解凍

迷迭香

用保鮮膜緊密
包覆，能預防
香氣不流失

不須解凍
就能加入料理內！

▲ 羅勒

新鮮香草的風味和香氣容易流失，建議冷凍保
存。將新鮮的香草用保鮮膜緊密包覆，放進保鮮
袋內，確實排出空氣後冰冷凍。要用時不須解
凍，直接烹調即可！雖然多少會變色，但香氣有
保留下來，可做成好吃的料理。新鮮度降低，香
氣也會流失，建議買來就要立刻冷凍保存。

冷凍小妙招！

把做好的青醬冷凍保存，
不僅能保留風味，也能做省時料理

建議用羅勒做成青醬後，冰冷凍保
存，不易變色氧化，且因為有加橄
欖油，即使冰冷凍也不會變得硬梆
梆的，可以馬上使用。

冷凍草莓的美味祕密是
糖漿！

草莓

常溫解凍

直接食用

加入糖漿，
不僅美味
又能防止
水分流失！

不須解凍
直接食用，
可嘗到冰過
沙沙的口感！

為了能品嘗美味的冷凍草莓，**重點就在加入糖漿
一起冷凍**。去除草莓的蒂頭，放入保鮮袋內，倒
進糖漿，讓所有草莓都裹滿糖漿後，擠出空氣冰
冷凍。糖漿可以保護草莓不會乾燥和氧化。不解
凍或是半解凍下食用，可品嘗沙沙的冰涼口感，
也可加進優格和冰淇淋當作配料。

冷凍小妙招！

用冷凍草莓
輕鬆做出草莓果醬！

讓冷凍草莓解凍後，隔著袋子直
接用手壓碎草莓，就能嘗到有如
果醬的口感。因為沒有加熱，可
嘗到草莓原本的風味！

冷凍的梅子容易釋出梅精，
可製成芳醇的梅酒！

梅子

常溫解凍

經過冷凍
會破壞纖維，
可以**充分
釋出梅精**！

可以快速做出
**梅子糖漿
和梅酒**

清洗過梅子後，**去籽並用竹籤串起來，確實擦乾
水分後放入保鮮袋內冰冷凍。**完熟的梅子擁有馥
郁香氣，但比青梅還難釋出梅精，所以不太適合
用來做梅酒和梅子糖漿。不過**經過冷凍破壞組織
後，會變得容易釋放出梅精，尤其是完熟的梅
子，更能做出帶有芳醇香氣的梅酒或梅子糖漿。**
用冷凍梅子來做更省時。

冷凍小妙招！

**以1：1的比例加入冰糖醃漬，
快速做出梅子糖漿！**

用冷凍梅子來醃漬，一天只要
搖晃一次瓶身。幾天後就可以
吃醃梅，還能加氣泡水做出好
喝的梅子汽水。

水果

利用冷凍鎖住新鮮和美味！
泡過水後可輕鬆去皮

奇異果

解凍

 冷藏解凍　 常溫解凍

 直接食用

切成丁狀 ▼

不須解凍，
泡一下水，
就能輕鬆剝皮！

只須掰開
所需分量，
可當作配料
使用

▲ 整顆

奇異果整顆帶皮個別用保鮮膜包覆，放入保鮮袋內冰冷凍。不須解凍，直接泡一下水就能剝皮，或是半解凍後再分切也很好吃。完全解凍的話，果肉會變軟爛，可做成果醬或冰沙。此外，把奇異果切成丁，裝入保鮮袋內冰冷凍的話，只須用手掰開需要的分量，就能當作配料來使用。

冷凍小妙招！

很值得一試
輕鬆剝除奇異果皮的方式

不用解凍只要泡一下水，果皮就能輕鬆剝除，省去麻煩的剝皮步驟！要分切時，可稍微放在室溫下半解凍，刀刃就能輕鬆切入。

透心涼的冰鳳梨，
最適合當作夏天的點心了！

鳳梨

解凍

加熱解凍

冷藏解凍

常溫解凍

直接食用

水果

市售切好的鳳梨，
可以直接冷凍，
省去麻煩！

不須解凍，
直接吃
就很好吃！

將新鮮鳳梨冷凍起來，可享受沙沙的口感。**去除蒂頭和果皮後，切除中間較硬的芯，再分切成適口大小，連同果汁一起裝進保鮮袋內，排出空氣後冰冷凍**。市售切好的鳳梨也能用相同的方式冷凍。不解凍直接食用，可品嘗到香甜有如冰淇淋的口感，也可當作果汁和優格的配料。

冷凍小妙招！

冷凍鳳梨也很適合
加熱做成料理！

跟糖醋排骨等肉類料理很對味的鳳梨。取出要用的量，可以不解凍直接加進料理內燉煮或熱炒。

在變成褐色前要趕快冰冷凍庫！
才能維持完熟香蕉的風味

香蕉

解凍

常溫解凍

直接食用

切塊 ▼

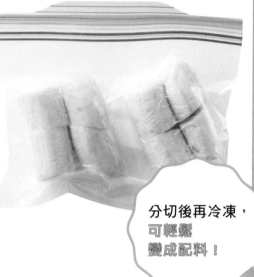

整根冷凍起來，
做成香蕉冰棒

分切後再冷凍，
可輕鬆
變成配料！

▲ 整根

完熟的香蕉，容易變色導致風味不佳。為了維持
新鮮的口感，沒有馬上吃的香蕉建議先冷凍保
存。剝皮後，整根香蕉用保鮮膜緊密包覆，放進
保鮮袋內，確實排出空氣再冰冷凍。此外，若分
切成長約3cm的適口大小，用保鮮膜包起來冰冷
凍，就能少量食用，也便於用來當作配料。

冷凍小妙招！

分裝冷凍，很適合
拿來當點心或做成冰沙！

吃一整根香蕉覺得太多的人，把
香蕉分裝冷凍會很方便！可取出
少量當成做點心或冰沙的材料，
也可加進優格食用。

令人懷念的冷凍蜜柑美味，
在家就吃得到！

蜜柑

解凍

常溫解凍

直接食用

剝成小瓣 ◀

分成小瓣，
馬上就能享用

不想分小瓣
整顆冷凍，
省去麻煩！

▲ 整顆（去皮）

整顆（帶皮）▲

把蜜柑**分成小瓣**，裝進保鮮袋內排出空氣再冰冷凍，**不須解凍可直接食用**。想要享受整顆冷凍蜜柑沙沙的口感，就先剝皮，再用保鮮膜緊密包覆，裝進保鮮袋內冰冷凍。雖然和以前帶皮冷凍蜜柑的方法相同，但剛從冷凍庫取出的蜜柑果皮很硬，先**放在室溫下稍微靜置一會兒，半解凍後再食用**。

冷凍小妙招！

吃法多樣化！
享受冷凍蜜柑帶來的趣味

除了可以直接食用，也很推薦搭配優格或冰沙。冷凍蜜柑也可取代冰塊，做成蜜柑沙瓦或蜜柑汽水，吃法很多元。

冷凍後可維持清香！
連皮都能有效利用

柚子

解凍

加熱解凍　　冷藏解凍

微波解凍　　直接食用

容易流失的香氣，
可利用
冷凍來維持！

果皮和果肉
分開冷凍，
用途更廣泛！

可使料理帶出清爽滋味的柚子。**香氣容易流失，所以尚未用到的部分要先冷凍起來，才可以保留風味。**先用刀削皮，把皮和果肉分開，果肉剖半。**用保鮮膜把剝掉的皮包起來，果肉則使用茶巾包法（參考P.87），**再裝進保鮮袋內冰冷凍。把果皮切成細絲，可當作料理的提味材料，而果肉則用冷藏解凍，榨成汁來使用。

冷凍小妙招！

柚子皮可增添料理的
色彩與香氣

冷凍柚子皮不解凍，直接切成碎末，可直接加進湯品、醃漬小菜，或是當作火鍋的蘸醬。可嘗到柚子的清香，提升料理的層次！

適合做成異國料理和酒精飲料。
輕鬆增添清新香氣

萊姆

解凍

冷藏解凍

微波解凍

直接食用

加進料理，
變成有東南亞
風味道地美食！

不須解凍，
直接加入飲料內，
享受清爽的香氣！

若在超市看到排列在蔬果區的萊姆，建議可一次
多買一些回家冷凍保存！**分切好冰冷凍，用起來
非常便利。用保鮮膜將表面緊密包覆，放入保鮮
袋內冰冷凍庫。**想榨出汁時，先用微波爐稍微解
凍，再加進熱炒或湯品內，就能一口氣變成道地
的異國料理。

冷凍小妙招！

**在酒精飲料和果汁內
加入冷凍萊姆，
喝起來更有層次！**

直接把冷凍萊姆加進飲料內，萊
姆汁會慢慢地溶進飲料內，變成
一杯帶有清香的冰涼飲料。

蘋果不論是冷凍過還是加熱過，
都很好吃，所以推薦冷凍保存

蘋果

解凍

加熱解凍

常溫解凍

微波解凍

直接食用

▼ 切片

煎蘋果
可做成
極品甜點！

不解凍
直接食用的
蘋果冰
也很好吃

冷凍蘋果可享受更廣泛的蘋果吃法！首先**分切成八等分，再一片一片用保鮮膜包起來，放進保鮮袋內再冰冷凍**。直接食用不解凍的冷凍蘋果也很好吃，因為冷凍破壞了纖維，可迅速加熱，加熱後食用可享受濕潤的口感。分切時，可活用從超市購買的切蘋果器。

切蘋果器 ▶

冷凍小妙招！

**簡單做出能享受
濕潤口感的煎蘋果吧！**

煸炒冷凍蘋果片，再淋上焦糖漿，就能做出極品甜點！只要把奶油和糖倒進平底鍋內加熱做成糖漿，再倒進冷凍蘋果煸炒即可。

▼ 整顆

把果核挖掉，
整顆冷凍！

加熱做成
糖漬水果，
也很適合！

非常推薦把果核去掉，整顆蘋果拿去冷凍。只要用在商店買的去芯器，就可以**去除果核，將整顆帶皮蘋果用保鮮膜緊密包覆**，放進保鮮袋內確實排出空氣後冰冷凍。冷凍需要時間，至少要冰冷凍一天以上。**不須解凍直接用微波加熱，可以輕鬆做出糖漬蘋果。**

去芯器 ▶

冷凍小妙招！

**只要將整顆蘋果微波一下，
簡單做出糖漬蘋果**

將冷凍蘋果放進耐熱容器內，微波加熱，再切成適口大小，就是一道簡單的糖漬蘋果。淋上蜂蜜和堅果，再佐上冰淇淋，便完成了豪華的甜點！

依切法不同，
可享受各種用途！

檸檬

冷藏解凍

微波解凍

直接食用

▼ 剖半

只要對半切開，
就這麼簡單！

皮磨成泥，
能讓檸檬的香氣
擴散開來

檸檬皮含有香氣，且含有豐富的維生素C！請務必選購有機且農藥量少的國產檸檬，連皮一起享用吧。**先用水洗過，剖半後，用保鮮膜以茶巾包法（參考P.87）包覆，放進保鮮袋內冰冷凍。**不解凍直接用磨泥器帶皮磨成泥，可當作料理的提味材料，也可像未冷凍前的檸檬一樣，榨出汁來使用。

冷凍小妙招！

整顆磨泥，
增添料理的檸檬香氣

剖半的冷凍檸檬，很適合整個拿去磨成泥！不僅能加進開胃菜和麵類料理內，也可加進肉類料理、義大利麵、熱烏龍麵和湯品內，可帶出微微的清香。

切成扇形
或圓片，
可馬上使用！

切圓片 ▼

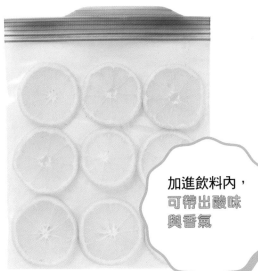

▲ **切扇形**

加進飲料內，
**可帶出酸味
與香氣**

切成扇形或圓片，可以馬上使用，十分方便。**把切成扇形的檸檬，個別用保鮮膜包覆後放入保鮮袋內。切圓片的檸檬則不要重疊，直接並排放進保鮮袋內，讓剖面緊密貼合保鮮袋冰冷凍。**可以將冷凍檸檬直接加進飲料內，就能簡單增添檸檬清香。切成扇形的檸檬，只要用冷藏解凍或是微波解凍，就可以榨成汁，可當作唐揚雞的佐料。

冷凍小妙招！

**把冷凍檸檬加進飲料內，
可享受酸味和清香！**

把冷凍檸檬片放進冰紅茶內，變成帶有清爽香氣的檸檬紅茶！也很推薦和日本燒酒或氣泡水一同倒入玻璃杯裡，做成不加冰塊的檸檬沙瓦。

炒肉片很容易變質，
重點是要馬上冷凍

炒牛肉片

解凍

 冰水解凍   流水解凍

 冷藏解凍

攤平後
再冰冷凍，
解凍也很輕鬆

確實排出空氣，
才能**保持美味**！

炒牛肉片算是牛肉當中最划算的肉品，建議大量採購再冷凍保存。不過，炒牛肉片的剖面很多，容易變質，所以**一買來就要馬上冷凍！表面的水分用廚房紙巾擦乾後，裝進保鮮袋內，把肉片攤平，確實排出空氣後密封袋口**。解凍後，就和新鮮肉品一樣，可製作各種料理。

冷凍小妙招！

醃漬冷凍能讓牛肉變得濕潤多汁!?

非常建議加入醬油、味醂或燒肉醬等調味料一起醃漬冷凍！可以防止牛肉水分流失和氧化，肉類也能變得濕潤和更加入味。

用保鮮膜包覆，防止水分流失！
讓牛排維持原本的美味

牛排

冷藏解凍

肉類

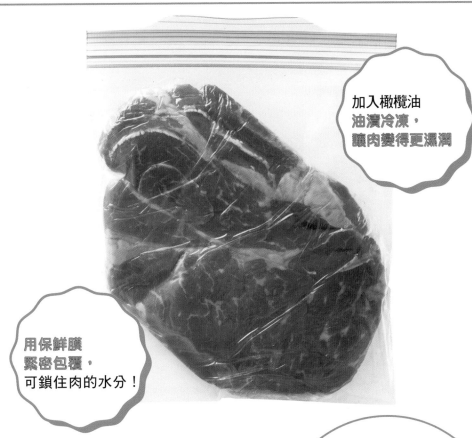

加入橄欖油
**油漬冷凍，
讓肉變得更濕潤**

**用保鮮膜
緊密包覆，
可鎖住肉的水分！**

把牛排表面的水氣用廚房紙巾擦乾，用保鮮膜緊密貼合包覆，且不讓空氣跑進去，放進保鮮袋內，用力擠壓出空氣再冰冷凍。牛排有厚度，解凍要花點時間，建議用低溫又穩定的冷藏來解凍。**牛排要煎得好吃的祕訣，就是把牛排從冷藏室取出，先恢復室溫後再煎。**比較能輕鬆控制要煎的熟度。

冷凍小妙招！

**和辛香料蔬菜一起油漬冷凍，
會更好吃又省時！**

只要加入蒜和洋蔥等辛香料蔬菜，再倒入橄欖油一起冷凍，除了能防止水分流失，還能讓蔬菜的風味煮進肉裡，做出豪華的料理。

分裝後用保鮮膜守住新鮮度，
也能提升方便性！

豬五花

解凍

加熱解凍

冷藏解凍

用保鮮膜
緊密貼合包覆，
可預防
水分流失！

分裝後
用保鮮膜包覆，
少量使用，
非常方便

用途十分廣泛的豬五花肉片，分裝後冷凍保存
會非常方便。把表面的水分擦乾，分裝成小包
的分量。**參考P.27的「包法2」，用保鮮膜緊
密貼合，不讓空氣跑進去，再放進保鮮袋內，
排出空氣冰冷凍。**只要從保鮮袋內取出要用的
量，可以不解凍，直接熱炒或煮湯。

冷凍小妙招！

**倒入燒肉醬，就能做出
萬用的醃漬冷凍料理！**

把豬五花和燒肉醬直接倒進保
鮮袋內，排出空氣再冰冷凍。
烹調時，只要和其他蔬菜一起
拌炒即可，是不須調味的省時
醃漬冷凍料理。

冷凍炒豬肉片很簡單！
只要裝進保鮮袋內排出空氣即可！

炒豬肉片

解凍

加熱解凍

冰水解凍

流水解凍

冷藏解凍

肉類

用力擠
壓出空氣，
就能
吃得到美味！

把肉片
攤平冷凍，
烹調更省時！

炒豬肉片是個剖面面積大，容易氧化的食材。
沒有馬上要用的分量必須要馬上冷凍才能延長
美味度。把表面的水氣擦乾後，**直接裝進保鮮**
袋內，參考P.26的「包法1」，排出空氣。把
袋內的肉片均勻薄薄地攤平，密封後冰冷凍。
要用時，連同保鮮袋一起用冰水或流水解凍即
可。

冷凍小妙招！

攤開來冷凍，
可節省解凍時間！

如果是把肉直接裝進保鮮袋內冷
凍，只要有排出空氣，並攤開來
冷凍的話，就能縮短解凍時間！
1.5mm的厚度是理想值。

123

緊密包覆再冰冷凍，
隨時都可品嘗煎豬排

厚切豬里肌

解凍

冷藏解凍

事先做好調味，
隨即完成
豬肉料理！

用保鮮膜包覆，
肉的水分
不流失！

要將做炸豬排和煎豬排的豬里肌冷凍起來時，用**保鮮膜貼合豬肉表面，再緊密包覆放入保鮮袋內，排出空氣後冰冷凍**。要用時，放冷藏解凍，就能做出炸豬排和煎豬排。也很建議跟味噌或鹽麴一起醃漬冷凍。因為是厚切豬里肌，可以品嘗多汁的豬肉料理。

冷凍小妙招！

事先醃漬冷凍更輕鬆！
大推味噌醃肉

只要加入味噌、味醂、香油和蒜一起冷凍，味噌的風味滲透進肉裡，就能完成一道很下飯的配菜。

便宜好吃的雞肉，
大量採購回來冷凍，好處多多！

雞腿肉

解凍

加熱解凍

冰水解凍

流水解凍

冷藏解凍

肉類

確實排出空氣，
留住美味

將雞肉攤平
放進冷凍，
解凍更迅速！

便宜又好吃，可運用在多樣料理上的雞腿肉，
大量冷凍起來，好處多多！比起牛肉和豬肉，
雞肉的含水量較多，所以容易變質，建議買回
來要馬上冷凍。將分切好的雞肉**直接裝進保鮮
袋內，擠壓出空氣再把雞肉攤平冰冷凍**。袋子
壓得越薄，用冰水或流水解凍也能更省時，也
可以直接用手掰開要用的分量來加熱解凍。

冷凍小妙招！

已分切好的冷凍雞腿肉，
可掰開來加熱解凍！

把分切好的雞腿肉攤平冷凍，可以
不解凍，直接用手掰開要用的分
量。烹煮時可直接下平底鍋，蓋上
鍋蓋蒸熟，就這麼簡單！

高蛋白的優質食材，
冷凍常備非常方便！

雞胸肉

冰水解凍

流水解凍

冷藏解凍

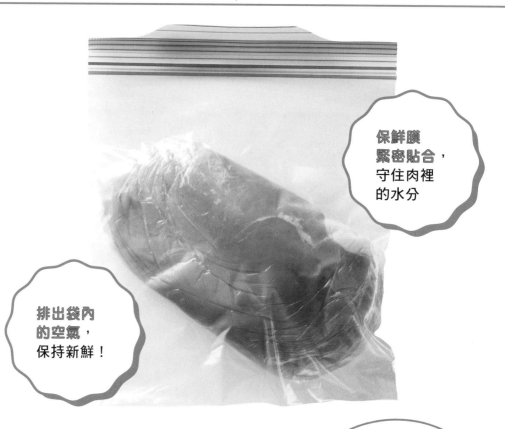

保鮮膜
緊密貼合，
守住肉裡
的水分

排出袋內
的空氣，
保持新鮮！

雞胸肉低脂又健康，是最近很受歡迎的食材，但雞肉容易變質，須趁早冰冷凍。先**用廚房紙巾擦乾表面的水分，用保鮮膜貼合肉的表面，再緊密地包覆，放進保鮮袋內排出空氣，最後冰冷凍庫。**放常溫下很容易流出血水，最好用冰水、流水或是冷藏解凍。適用於製作雞肉沙拉和蒸雞胸肉。

冷凍小妙招！

事先醃漬冷凍，
提升雞肉濕潤感！

把分切好的雞胸肉，和味醂、鹽麴或橄欖油一起醃漬冷凍，口感容易變柴的雞胸肉，也能變得很濕潤。

高蛋白質又低脂的雞里肌，
冷凍備用馬上就能料理！

雞里肌

加熱解凍

冰水解凍

流水解凍

微波解凍

健康的雞里肌，
**可只取
要用的分量！**

**一條一條分別
用保鮮膜包覆，
可防止水分流失**

高蛋白質又低脂的雞里肌，冷凍常備著，隨時
都可烹調，非常方便！**去筋後擦乾水分，將每
一條雞里肌個別用保鮮膜包起來。包好後再統
一裝進保鮮袋內，排出空氣後冰冷凍。**建議用
冰水、流水或加熱的方式來解凍。不解凍也可
直接汆燙或用微波加熱。

冷凍小妙招！

**雞里肌不厚，
可以不解凍直接加熱！**

雞里肌不會很厚，加熱易熟，可不
解凍直接加熱。可用滾水汆燙，或
是裝進耐熱容器內並加入少量的
水，一起微波蒸熟。

冷凍備用，
可當作方便的配菜或下酒菜

雞翅、棒棒腿

解凍

加熱解凍　　冰水解凍

流水解凍　　冷藏解凍

▼ 雞翅

事前處理筆記

將較粗的部分
上下交叉擺放，
塑成四角形後
再用保鮮膜包覆

煮燉滷料理時，
可取所需分量
馬上烹調！

棒棒腿 ▲

雞翅和棒棒腿的形狀不整齊，仔細用保鮮膜包
覆很重要。**兩兩一組用保鮮膜包覆，放進保鮮
袋後排出空氣再冰冷凍庫。烹調時先用冷藏解
凍**，或是不解凍直接倒進鍋內加熱烹調。要**直
接汆燙或煮滷菜時，都很省時。**

冷凍memo

**用保鮮膜包覆時的重點，
肉塊要相互交錯擺放！**

雞翅和棒棒腿的形狀較為複
雜，必須把較粗的那端和另一
支較細的那端交錯擺放，塑成
四角形後，會較容易排出空氣
保鮮。

「買來馬上冷凍」，
才能防止絞肉水分流失＆氧化！

絞肉

解凍

加熱解凍　　冰水解凍

流水解凍　　冷藏解凍

放入保鮮袋內，
確實排出空氣
是重點！

輕輕攤平
再冷凍，
用起來較方便

冷凍memo

先做出折線再冷凍，
用手掰開隨即可用

絞肉裝進保鮮袋內，再用筷子
壓出十字的痕跡後再冷凍，可
以不解凍直接用手掰開取出，
活用平底鍋煸炒或煮湯都非常
便利。

切成細碎，剖面又很多的**絞肉**，是非常容易變
質的食材。因為水分流失和氧化的速度很快，
所以買來必須馬上冷凍。冷凍的重點在盡量將
空氣排光！確實將空氣排出，再密封袋口，塑
成扁薄狀再冰冷凍。要吃時，用冰水或流水解
凍，或不解凍，直接用手掰開要用的分量弄軟
加熱解凍。

肉
類

129

容易吃剩的加工肉類，
冷凍起來能延長保存！

火腿、香腸、培根

解凍

加熱解凍

冷藏解凍

微波解凍

▼火腿

香腸▼

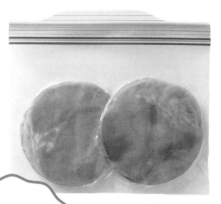

可以**不解凍**
直接加熱！

保鮮膜
緊密包覆，
可防止變乾燥！

培根▶

加工肉類很容易吃剩，所以建議冷凍保存。這類肉品很怕乾掉，重點在於用保鮮膜緊密貼合包覆。將好幾份一起用保鮮膜包起，再**放進保鮮袋內，排出空氣後冰冷凍。市售的加工肉品若是真空包裝，可直接放冷凍庫！**火腿用冷藏解凍，香腸和培根則是能不解凍直接加熱。

冷凍小妙招！

**真空包
可直接冷凍！**

市售的真空包裝加工肉類，只要直接放進冷凍庫即可！可用冷藏解凍或加熱解凍。

只要分成生的和熟的冷凍，
配合料理的用途來食用

漢堡排

解凍

加熱解凍

冷藏解凍

微波解凍

肉類

只要煎一下，
隨時都能
吃到多汁的
配菜！

熟的 ▼

微波一下
就是一道
便當菜！

 生的

冷凍memo

**幫助塑形的麵包粉
可鎖住肉汁！**

在漢堡排內加入有塑形功效的
麵包粉，解凍時可防止絞肉的
肉汁流失，做出濕潤多汁的漢
堡排。

不管是生的還是熟的漢堡排，都可以冷凍保
存。**生的漢堡排，先塑成容易加熱的扁薄形
狀，用保鮮膜包好後，放進保鮮袋內冰冷凍
庫。要吃時，不須解凍，可直接用平底鍋加
熱。**較有厚度的生漢堡排，可先放冷藏解凍再
來加熱。小塊的漢堡排，煎過後放涼，用保鮮
膜包覆，裝進保鮮袋內再冰冷凍。

冰漬冷凍，
蛤蜊的新鮮不流失！

蛤蜊

解凍

加熱解凍

海鮮・海藻

加水冷凍
可防止水分流失
＆氧化！

經過冷凍
的蛤蜊，
鮮味容易
煮進高湯！

貝類是只要經過冷凍就會破壞纖維，容易煮出鮮味的便利食材。讓蛤蜊吐沙後，用流水洗淨再放入保存容器內，**注入可淹過所有蛤蜊的白開水，蓋上蓋子，平放在冷凍庫內。**烹調時，要連同冰塊一起倒進鍋內加熱，所以**冰冷凍時須用比鍋子還小一號的容器來裝蛤蜊。**加入濃縮鮮味的冰塊煮出酒蒸蛤蜊或味噌湯，會非常美味！

冷凍memo

解凍訣竅在於用大火
一口氣煮滾！

若慢慢花時間解凍，連接蛤蜊殼的貝柱內的蛋白質會被破壞。最好把不須解凍的蛤蜊直接蓋上鍋蓋用大火快速煮熟。

經過冷凍後，
可品嘗鮮甜軟嫩的花枝

花枝

解凍

加熱解凍

冰水解凍

流水解凍

冷藏解凍

▼ 去皮

可用來做
炸花枝腳
和熱炒

冷凍後，
花枝會變得
軟嫩又甘甜！

帶皮 ▲

海鮮、海藻

花枝經過冷凍，組織被破壞後會變得軟嫩又甘甜，所以建議冷凍保存。**帶皮的身體和花枝腳分開，切成適口大小。搭配料理要去皮的話，一樣也切成適口大小，放進保鮮袋內排出空氣，塑成扁薄形再冰冷凍庫。**烹調時，可用冰水、流水或冷藏解凍，再用於熱炒、燉煮或義大利麵等料理活用上。

冷凍小妙招！

生魚片用的花枝，
可直接生食！

作為生魚片用的花枝，一樣要放保鮮袋內冰冷凍，再用冰水或流水來解凍。由於不須加熱，解凍後可以馬上食用。

可以享受顆粒口感的鮭魚卵，
能即時享用！

鮭魚卵

解凍

冷藏解凍

海鮮、海藻

想要使用
少量時，
**分裝冷凍
非常方便！**

增添料理色彩，
**讓料理變得
更華麗**

色澤鮮豔又能享受顆粒口感的鮭魚卵，想不到是個適合冷凍的食材。**將鮭魚卵分成每一次會用到的量放在保鮮膜上，注意不要壓破魚卵，緊密貼合包覆，再放進保鮮袋內排出空氣後冰冷凍庫。**先放冷藏幾小時慢慢解凍後再使用。撒在冷盤沙拉或壽司上，可增添料理的色澤。

冷凍小妙招！

鮭魚卵的最佳冷凍方式是
醬油漬鮭魚卵

鮭魚卵最推薦用醬油醃漬冷凍。利用醬油和味醂的效果，能維持鮭魚卵的美味。把市售的醬油漬鮭魚卵直接冷凍也OK！

蝦殼和冰壁
可雙層防護乾燥！

蝦

流水解凍

冷藏解凍

海鮮、海藻

蝦殼可**防止**
水分流失和氧化

維持新鮮，
冰漬冷凍
最有效果！

蝦子最好帶殼冷凍！去殼蝦容易吸收水分讓蝦肉變得軟爛，不適合冰漬冷凍。把帶殼蝦**放進保存容器內，注入可淹過蝦的白開水，蓋上蓋子冰漬冷凍。**烹調時不須解凍，倒出容器後，連同冰塊一起流水解凍或冷藏解凍。蝦子擦乾水分後，可用於炸蝦或熱炒等料理。

冷凍memo

推薦使用市售的
急速冷凍蝦

市售的冷凍蝦，都是趁新鮮急速冷凍，而且表面都有一層薄薄的冰漬。因為不是結塊的冷凍，可以便於只取出要用的蝦量烹煮。

冷凍保存可防止氧化，
風味更持久

柴魚片

不須解凍

可品嘗到
新鮮現削的風味

不須解凍，
可直接
撒在料理上
做成涼拌菜！

柴魚片在削片的瞬間便會逐漸氧化，**建議用能維持香氣和風味的冷凍保存。冷凍方法很簡單！裝進保鮮袋內，確實排出空氣，再冰冷凍庫就OK了**。要吃時，從袋中取出直接使用，完全沒有複雜的程序，再接著把剩下的柴魚片出空氣，冰回冷凍庫。可用於涼拌菜和各式拌柴魚片的小菜上，用途十分廣泛。

冷凍memo

只取出要用的量，
其他的馬上冰回冷凍庫！

要注意把冷凍柴魚片放在常溫下，柴魚片開始結露會有濕氣！必須馬上冰回冷凍庫。

很怕濕氣的昆布，
以冷凍保存尤佳！

昆布

海鮮、海藻

從冷凍庫取出後
要馬上使用！

冷凍保存
防止濕氣！

昆布最怕濕氣！放在高溫的場所會有損昆布的風味，**保存在低溫又乾燥的冷凍庫內，才能長期維持美味。數片重疊後，用保鮮膜緊密包覆，放進保鮮袋內，排出空氣密封袋口再冰冷凍。**烹調時，從保鮮膜內取出可直接使用。放進鍋內就能煮出高湯。

冷凍小妙招！

煮完高湯的昆布，
也能冷凍保存！

煮完高湯的昆布也可以冷凍保存。切成適口大小，裝進保鮮袋冰冷凍，不須解凍，就能加入燉煮或成為湯料。

即使冷凍也很容易變質的生魚片，
建議用醃漬冷凍！

魚（生魚片）

冰水解凍

流水解凍

▼ 醃漬鮪魚

鮭魚用油漬
也很好吃

利用調味料
來冷凍，
便能馬上完成
醃漬鮭魚丼！

油漬鮭魚 △

生魚片很容易乾燥，還會流出血水，很怕冷凍。而且不能加熱要生食的生魚片，是很難在家冷凍保存的食材。即便如此，**想讓生魚冷凍後還能變好吃的話，就用醃漬冷凍吧**。把鮪魚和味醂、醬油一起倒入；而像是鮭魚和白肉魚就用油漬，個別裝進保鮮袋內冰冷凍。用冰水解凍或流水解凍即可直接享用。

冷凍memo

利用醬油醃漬，
可蓋過鮪魚黯淡的顏色

鮪魚很容易變黑，建議用醬油醃漬冷凍保存。不過家用冷凍庫無法久放，還是須儘速食用完畢。

海鮮、海藻

切塊的魚肉，口感容易變得不佳，
最好抹鹽後再冷凍

魚（切塊）

解凍

加熱解凍

冰水解凍

冷藏解凍

海鮮、海藻

▼ 鯖魚

用冰水或
冷藏解凍，
**可防止
血水流出**

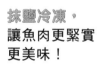
抹鹽冷凍，
讓魚肉更緊實
更美味！

鮭魚 ▲

切塊魚肉和生魚片一樣，經過冷凍會破壞組織，不適合在家裡冷凍保存，而且解凍時很容易流出血水，此時就建議用**抹鹽冷凍**。在切塊魚肉上抹鹽，稍微靜置後，會因滲透壓而出水，再用廚房紙巾擦乾水分。因為釋出多餘的水分而讓魚肉更緊實，可維持彈嫩的口感。**用保鮮膜包覆，放進保鮮袋內再冰冷凍。**

冷凍memo

**需用低溫慢慢解凍，
或是用烤魚機直接烤熟！**

冷凍的魚塊可用冰水或冷藏慢慢低溫解凍，或是用烤魚機在短時間內加熱解凍做成烤魚。不解凍直接下鍋燉煮也OK。

撲通！丟進水裡冰漬冷凍，
鎖住鮮味！

魚（整條）

解凍

流水解凍

冷藏解凍

▼ 裝進保鮮盒內

整條魚冷凍
可維持新鮮度！

可以
防止乾掉的
冰漬冷凍
最為適合

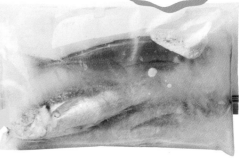

裝進保鮮袋內 ▲

整條魚冰漬冷凍，可防止水分流失和氧化，還能保持新鮮。**把魚放進能裝下一條魚的保鮮盒或保鮮袋內，倒入可淹過整條魚的白開水，魚身不可露出水面冰漬冷凍。最重要的是，魚千萬不能切！**不去頭也不清除內臟，先把完整的魚冷凍起來，水沒滲進體內就不會影響新鮮度。

冷凍memo

**連冰一同流水解凍，
可保護魚的新鮮度！**

從保存容器中取出魚，直接流水解凍。冰漬冷凍雖然費時又費工，但能維持魚的新鮮冷凍保存。

海鮮、海藻

易煮出鮮味，還能提升鳥胺酸！
是CP值很高的冷凍食材

蜆仔

冰漬冷凍
可以維持
新鮮度！

冷凍效果
可增加鳥胺酸！

蜆仔含有強化肝功能的鳥胺酸，此種胺基酸會因冷凍效果而增加！而且經過冷凍後，更易煮出鮮味。蜆仔吐沙後，用流水沖洗，裝進保存容器內，**倒入可淹過所有蜆仔的白開水，蓋上蓋子冰漬冷凍。**烹調時不須解凍，直接倒入鍋內，蓋上鍋蓋以大火加熱，連同冰塊一起煮成味噌湯或其他湯品。

冷凍memo

**用大火一口氣加熱，
讓貝類全都煮開！**

花時間慢慢解凍，連接蜆殼的貝柱及蛋白質會被破壞。最好蓋上鍋蓋，不解凍直接用大火加熱煮熟。

可以保存得很美味，
冷凍備用非常方便！

魩仔魚

不須解凍

海鮮、海藻

沒有要
馬上吃的部分，
冷凍可預防氧化

從冷凍庫
取出後
要馬上使用！

放任魩仔魚不管，很容易乾掉和氧化，所以要冷凍保存。越新鮮的魩仔魚，越不耐乾燥，建議冷凍保存。**沒有要馬上使用的部分，要趁早分裝冰冷凍，可以保持美味度。直接放入保鮮袋內，用力擠壓出空氣，塑成扁薄狀冰冷凍庫保存。**魩仔魚不須解凍，**想吃時直接取出，非常方便。**

冷凍小妙招！

**不須解凍，
可馬上用於任何料理！**

不解凍直接盛在熱騰騰的白飯上，或是拌入涼拌菜和其他小菜內，亦或是佐上白蘿蔔泥，也能嘗到清爽的口感。

冷凍後的風味不變，
可直接享受原有的口感！

章魚

海鮮、海藻

可當作生魚片
直接享用
生鮮美味！

和冷凍前的
口感一樣，
用起來很方便！

彈嫩有嚼勁的水煮章魚，**冷凍後的口感和風味幾乎沒有改變**，解凍後可當作生魚片來享用，是很適合冷凍的食材！**切成適口大小，用廚房紙巾擦乾水分，裝進保鮮袋內排出空氣，密封袋口後冰冷凍**。用流水或冷藏解凍，就能恢復成冷凍前的狀態，可當作涼拌小菜來享用。

冷凍小妙招！

**可生吃或做成炸章魚！
有許多章魚的活用法**

生魚片、冷盤，或醃漬小菜，跟冷凍前的口感和風味沒什麼不同，是冷凍章魚最大的魅力！也很推薦做成炸物或熱炒。

幾乎不會變質，
鱈魚卵和明太子很適合冷凍！

鱈魚卵、明太子

解凍

流水解凍

冷藏解凍

海鮮、海藻

明太子 ▼

可以長期保存
原本的風味！

只需要用
保鮮膜包覆後
放進保鮮袋內！

▲ 鱈魚卵

常用於配飯、義大利麵的鱈魚卵和明太子，因為有用調味料醃漬入味，可以維持口感和風味冷凍保存。**把鱈魚卵和明太子，一條一條用保鮮膜包覆，不讓空氣跑進去，再裝進保鮮袋內冰冷凍庫。**要吃時再用流水或冷藏解凍。烹調時，和冷凍前一樣，可直接配飯或用於料理內。

冷凍memo

**連同保鮮膜一起切下，
擠出魚卵！**

解凍後的鱈魚卵和明太子，從較粗的那端連同保鮮膜一起切下，就能用手擠出裡面的魚卵，便於製作醬料。

冷凍後會改變口感，
變成有嚼勁的口感

竹輪

解凍

加熱解凍

冷藏解凍

微波解凍

經過冷凍，
可增加口感！

很適合當作
熱炒類的配料

容易用剩的竹輪，**冷凍後會變得有嚼勁，口感紮實又有彈性。三根竹輪一起用保鮮膜緊密包覆，再放進保鮮袋內，擠壓出空氣後密封袋口冰冷凍**。要用時不須解凍，直接切來使用，或是冷藏解凍後直接食用！可以用小黃瓜或起司，輕鬆做出冰涼的下酒菜。

冷凍小妙招！

活用有嚼勁的口感，可熱炒或拿來煮湯

竹輪冷凍後會變成偏硬的口感，所以熱炒後會變得有彈性，非常美味。此外，也可加入涼拌菜或湯裡一起料理。

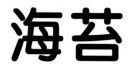

冷凍保存，
增加酥脆感！

海苔

常溫解凍

海鮮、海藻

可以<u>長期維持</u>
海苔的風味

冷凍效果
<u>可保護海苔</u>
<u>不受潮</u>！

很容易一不小心就會受潮濕軟的海苔，可**透過冷凍防止受潮**。將大張海苔片切成四等分，放進保鮮袋內排出空氣，冰冷凍庫保存。**要吃時，暫時放室溫下，恢復室溫後再開封使用**。和冷凍前一樣，能享受海苔原本的風味。

冷凍memo

從冷凍庫取出後
不能馬上開封！

把冷凍海苔從冷凍庫取出後，一定要恢復常溫後再打開。如果在袋內還是低溫的狀態下開封，海苔會因為突然接觸到熱空氣而產生濕氣！

緊密貼合保鮮膜冰冷凍，
再用烤箱一口氣烤熟

魚乾

利用保鮮膜
來隔絕空氣！

從冷凍庫取出後
馬上烘烤，
輕鬆做出美味！

魚乾經過風乾已無水分，因此易於保存，雖然魚乾都在常溫或冷藏中販售，但要長期保存的話，還是建議冷凍保存。**一片一片用保鮮膜緊密包覆，再裝進保鮮袋內排出空氣。**要把冷凍魚乾**烤得好吃，就要在不解凍的情況下把魚乾一口氣烤熟！**烤魚前先預熱烤箱，魚乾皮朝下，以大火烘烤，不僅不會流出血水，還能烤得很美味。

冷凍memo

**一口氣烤熟
是為了不讓魚流出血水！**

魚乾解凍後若慢慢加熱，魚身會流出血水，讓鮮味流失。用大火迅速烤熟，是美味的訣竅。

容易變質的海蘊，
直接冰冷凍庫！

海蘊（水雲）

解凍

加熱解凍

流水解凍

冷藏解凍

微波解凍

連同包裝袋冷凍 ▼

稍微用
流水解凍，
做成味噌湯
或醋漬小菜

不拆包裝袋
直接冰進
冷凍庫！

▲ 直接冷凍

生海蘊比起海蘊乾還要容易變質，沒有要用的份量只要冷凍起來，便可保留風味。**水洗後，連同水分一起裝進保鮮袋內，排出空氣後密封袋口，塑成扁薄狀再冰冷凍。**烹調時，連同袋子一起流水解凍再使用。連同包裝袋一起冷凍更簡單！**只要將市售的海蘊冰進冷凍庫即可，**要吃時再放冷藏解凍。

冷凍memo

**用加熱解凍
或微波解凍都OK！**

掰開冷凍海蘊，可以不解凍，直接加進湯內加熱烹煮，也能用微波稍微解凍後，再用麵味露來搭配。

海鮮、海藻

加入糖冷凍，
可維持濕潤的口感！

煎蛋捲（玉子燒）

解凍

冷藏解凍

微波解凍

▼

不解凍
直接切絲，
可簡單
做出蛋皮絲

糖的保水效果，
可維持濕潤感！

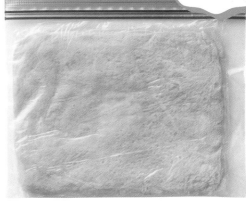

煎蛋皮 ▲

煎蛋捲只要加入有保水效果的糖，就能維持濕潤
感冷凍保存。另外，若加入美乃滋，油分能讓煎
蛋捲更加膨鬆。把煎蛋捲煎熟後，分切完用保鮮
膜包覆，再裝進保鮮袋內冰冷凍庫。另外，加入
適量的鹽和糖煎成薄薄一片的煎蛋皮，一片一片
個別用保鮮膜包起來放保鮮袋內冷凍。烹調時，
只須用微波解凍即可。

冷凍memo

將蛋白和蛋黃
充分拌勻！

蛋白若沒攪散，解凍後會導致口
感不佳，整體軟糊糊的，所以
一定要將蛋白和蛋黃仔細拌勻再
煎蛋捲。

變身食材

希望你能試過一次
濃郁軟綿的蛋

蛋

解凍

加熱解凍

流水解凍

冷藏解凍

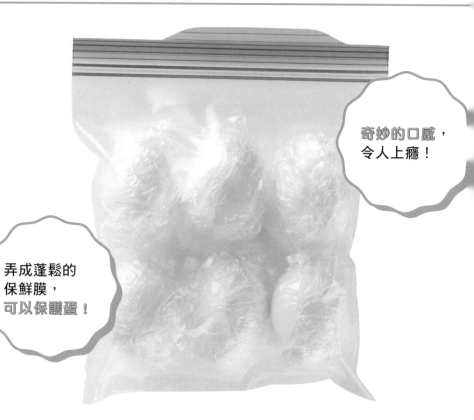

奇妙的口感，
令人上癮！

弄成蓬鬆的
保鮮膜，
可以保護蛋！

蛋、乳製品、加工食品

冷凍後的蛋，**蛋黃會凝固，變成軟綿的口感！小心別把蛋殼打破**，將生蛋用蓬鬆的保鮮膜包起來，裝進保鮮袋內冷凍一**整天**。冷凍後的蛋會膨脹，使蛋殼產生裂痕，但不用過度在意。**食用時，打開保鮮膜，用流水解凍。解凍後不久放，要儘早享用。**生吃可享受濃郁的滋味。

╲ 冷凍大變身！╱

**經過冷凍後，
可享受濃郁滑溜的口感**

就算不加熱，也能吃到滑溜的口感，是因為蛋白質變質使蛋黃凝固的關係。蛋黃會比半熟蛋還要再硬一些，但可用筷子切開的軟硬度。

醬油漬冷凍生蛋黃

【材料】（1～3人份）

冷凍蛋……………… 3個

A 醬油……………… 3大匙
味醂……………… 3大匙

紫蘇葉……………… 3片

熟芝麻……………… 適量

【作法】

❶打開冷凍蛋的保鮮膜，放入裝滿水
的調理盆內，流水解凍20～30分鐘。

❷剝蛋殼，只取出蛋黃。

❸把A倒入保存容器內，加進蛋黃，
醃製約10分鐘。

❹把紫蘇葉鋪在盤子上，把❸擺上
去，最後撒上芝麻粒。

可嘗到
嶄新的口感！

煎冷凍雙蛋黃荷包蛋

【材料】（1人份）

冷凍蛋…………… 1個

沙拉油………… 1大匙

水…………… 1大匙

【作法】

❶冷凍蛋不解凍，泡過水後剝殼，再
縱向剖半。

＊冷凍蛋很滑溜，小心別切到手。

❷沙拉油倒進平底鍋內熱鍋，把冷凍
蛋的剖面朝下放進鍋內，以中火加
熱。

❸等蛋開始發出噴濺聲時，倒水後蓋
上鍋蓋。

❹把蛋煎至喜歡的熟度後再盛盤，佐
上愛吃的蔬菜。

防止發霉，
隨時都能嘗到新鮮的滋味

起司

解凍

 加熱解凍　 冷藏解凍

 不須解凍

披薩用起司絲 ▼

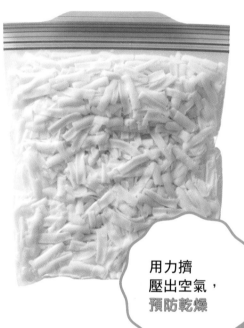

冷凍後，
不易變硬，
還能維持
乾爽感！

用力擠
壓出空氣，
預防乾燥

▲ 起司粉

起司冰在冷藏室，不知不覺就發霉了……所以要冷凍保存才安心。**起司粉若放在市售的容器內冷藏，很容易潮溼會變硬，改倒進保鮮袋內，排出空氣再冰冷凍。**維持乾爽，用起來更方便。**要冷凍披薩用起司絲的訣竅，就是要確實排出空氣，**只要有空氣在裡面，起司結霜後會影響風味。

冷凍memo

做料理和下酒菜不可或缺的
起司塊也可以冷凍！

巧達、高達等起司塊也可以冷凍。用保鮮膜包覆起司塊，裝進保鮮袋內冰冷凍。食用時從冰凍庫取出即可。

蛋、乳製品、加工食品

無法久放的鮮奶油，
冷凍起來可延長美味！

鮮奶油

解凍

加熱解凍

冷藏解凍

直接食用

固態 ▼

改放到
保鮮盒內
冰冷凍即可！

加進咖啡
或飲品內
也很美味！

▲ 液態

把鮮奶油放進保鮮盒內再冰冷凍庫。冷凍會使鮮
奶油油水分離，形成沙沙的口感，可以放冷藏解
凍或不解凍，加進奶油燉菜類的加熱料理內。此
外，加糖打發至尖角硬挺的發泡鮮奶油也可以冷
凍。把鮮奶油擠在已鋪好保鮮膜的不鏽鋼托盤
上，直接冰冷凍，待完全凝固後再改放到保鮮盒
內保存。

冷凍小妙招！

有許多用法的
冷凍發泡鮮奶油

可以不解凍直接食用，半解凍後
佐上新鮮水果也OK！不解凍直
接丟進咖啡或可可內，變身成時
尚的漂浮飲品。

分裝後用保鮮膜包覆，
防止氧化可吃得更美味！

奶油

分切後冰冷凍，
一次只要用一點，
十分方便

用保鮮膜
緊密包覆，
防止氧化

蛋、乳製品、加工食品

油脂成分很多的奶油容易氧化和沾染氣味，阻隔空氣以低溫保存可維持品質。如果**整條奶油直接冷凍，使用時會不好切，最好事先分切好再冷凍。分裝成10g的大小，用保鮮膜包好，放進保鮮袋內冰冷凍。**可以不解凍直接加熱烹調，或是要抹吐司時，可用微波稍微加熱軟化後再使用。

冷凍小妙招！

**要用時
只需用剪刀剪開！**

依照P.27的「包法2」，將分切好的奶油，在保鮮膜上取出間隔擺放，再一起用保鮮膜包起來，就能輕鬆完成分裝！

在家輕鬆做
優格冰淇淋！

優格

解凍

流水解凍　　冷藏解凍

直接食用

裝進保鮮盒內 ▼

可以**直接用手掰開**來使用！

不解凍，
可當作冰淇淋
來享用

蛋、乳製品、加工食品

▲ 裝進保鮮袋內

原味優格**直接冰冷凍會油水分離，建議加入適量的糖再冷凍！**加入糖充分拌勻後，再裝進保鮮袋或小型保鮮盒內冰冷凍庫。不解凍可直接享用霜凍優格的滋味，放冷藏解凍就能吃到原本優格的口感。市售添加水果的優格，整杯冰冷凍也很好吃喔！

冷凍小妙招！

**將木棍插進優格內變冰棒！
市售優格大變身**

市售添加水果的含糖優格，把免洗筷之類的木棍插進優格中間，拿去冰冷凍，可以當作冰棒來享用。

冷凍狀態下要切要煮都可以！
是優秀的常備食材

油豆皮

解凍

加熱解凍

微波解凍

▼ **整塊**

可直接放入
味噌湯或
烏龍麵內

從冷凍庫
取出後
可馬上分切，
非常便利！

切條狀 ▲

蛋、乳製品、加工食品

油豆皮是個易於冷凍又很常使用的食材，所以冷
凍備用會很方便！由於可以不解凍直接分切烹
調，想要加點油豆皮，可迅速放入。**整塊冷凍，**
只要將油豆皮一片一片分別用保鮮膜緊密包覆，
裝進保鮮袋內，確實排出空氣後冰冷凍即可。也
可以切成方便使用的條狀大小，確實排出空氣後
再冷凍保存。

冷凍小妙招！

不解凍直接放進小烤箱！
一道快速配菜完成

冷凍油豆皮可整塊直接烹調，或
和切好的蔥段、柴魚片和納豆等
愛吃的食材，拌在一塊，就成了
美味的配菜或是下酒菜。

156

熱炒或燉煮
都很方便！

油豆腐

加熱解凍

微波解凍

切塊 ▼

整塊
微波加熱，
簡單做出一道菜

事先切塊，
煮湯或熱炒
都很方便

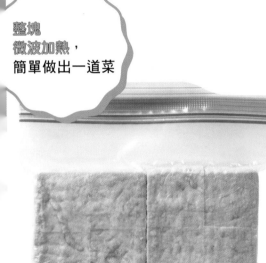

▲ 整塊

油分容易氧化的冷凍油豆腐，**重點在於用保鮮膜
緊密貼合包覆，再放進保鮮袋內，用力擠壓出空
氣後冰冷凍**，就能維持美味。要整塊冷凍，或切
成適口大小再冷凍，做法都一樣。**不解凍可直接
煮湯或熱炒，或用微波加熱後，撒上蔥花、淋上
醬油**的吃法也很簡單。

冷凍小妙招！

豆腐是變身食材，
為什麼油豆腐不是呢？

豆腐冷凍後的口感會改變，屬於
變身食材，但油豆腐經過油炸，
內部已變化成海綿狀，所以冷凍
後還是能維持原本的口感。

蛋、乳製品、加工食品

冷凍後的豆腐，
變身成嚼勁十足的口感！

豆腐

解凍

流水解凍

變成像肉
的口感，
用『豆腐肉』
來提升飽足感

分切後，
鋪平冷凍，
解凍也很簡單

雖然冷凍後
會變黃，
但解凍後
會恢復原狀

豆腐經過冷凍後，**板豆腐會變成像凍豆腐一樣的紮實口感；而嫩豆腐會變得像豆腐皮一樣層層堆疊的高雅口感**。將瀝乾水分的豆腐分切成8～12等分，小心別弄碎豆腐，裝入保鮮袋內並排出空氣，充分冷凍一天以上。若豆腐內部沒確實冷凍，口感就不會產生變化。使用時，連同袋子一起流水解凍，再輕柔地壓乾水分來烹調。

冷凍memo

務必先分切豆腐
再冷凍保存！

連同包裝袋一起冷凍，豆腐過厚會導致冷凍不均，解凍時間也會變長，所以建議先分切再冷凍尤佳。

油炸凍豆腐

【材料】（2人份）

冷凍豆腐……………………
1塊（約350g）
＊建議使用板豆腐。

A
味醂………………100ml
醬油………………3大匙
薑泥………………1大匙
蒜泥………………2小匙

太白粉………………適量
食用油………………適量

【作法】

①將凍豆腐連同保鮮袋一起放進調理盆內流水解凍，用手壓乾水分。
②再把A倒進另個調理盆內拌勻，加進豆腐醃漬入味。

③輕輕按壓豆腐，沾點太白粉下油鍋，炸至金黃色。
④瀝乾油分盛盤，隨意佐上檸檬或其他蔬菜即可上桌享用。

凍豆腐素肉燥飯

【材料】（2人份）

冷凍豆腐……………
1塊（約350g）
薑………………………15g

A
味噌………………1大匙
醬油………………2小匙
味醂………………2小匙
酒…………………2小匙
糖…………………1大匙

沙拉油…………適量
飯………………適量
炒蛋……………適量
荷蘭豆…………適量

【作法】

①將冷凍豆腐連同保鮮袋一起放調理盆內流水解凍，用手確實壓乾水分後，在調理盆內搗碎。薑切成碎末。荷蘭豆去絲、稍微汆燙後切成條狀。
②平底鍋開中火，倒入沙拉油熱鍋，加入豆

腐拌炒，確實炒乾水分。
③加入薑末拌炒，再倒入A一起拌炒。
④豆腐整體讓調味料入味，飄出味噌的香氣後，就盛進已鋪好飯和炒蛋的容器內，佐上荷蘭豆。

大豆

連同醃汁
倒入白米內
做炊飯
很好吃！

市售水煮大豆
可直接冷凍，
非常簡單！

市售水煮大豆的醃汁，有預防乾燥和氧化的功能，是很適合冷凍的食材。**而在家自己做時，要連同滷汁一起裝進保鮮袋內，排出空氣後密封袋口**，塑成扁薄狀再冰冷凍。要吃時可流水解凍，或不解凍直接丟鍋內燉煮也OK。連同滷汁煮成炊飯，可享受滿滿的大豆風味。

冷凍小妙招！

還可用在其他料理！
冷凍大豆變化多端的活用法

冷凍水煮大豆的活用性很優秀！可做大豆沙拉、湯品、乾咖哩或滷菜等料理，由於用途廣泛，所以常備在家裡會非常方便。

就算冷凍，納豆菌也不會消失！

納豆

解凍後，
可嘗到
原始的美味

只要包上
保鮮膜，
不用擔心
氣味會轉移！

蛋、乳製品、加工食品

冷凍納豆非常簡單！**將市售的納豆盒用保鮮膜包起來，裝進保鮮袋內排出空氣，冰入冷凍庫即可。保鮮膜和保鮮袋可隔絕空氣，防止氣味轉移至其他食材上。**用冷藏解凍或用微波稍微解凍，就能嘗到冷凍前的美味，也很建議不解凍直接加進味噌湯，或是解凍後做炒飯或熱炒等料理。

冷凍小妙招！

**納豆冷凍後的納豆菌不會消失！
可維持原有的健康效果**

在低溫的冷凍庫內，納豆菌會停止作用，只要一解凍就會重新開始發酵，也會恢復黏糊糊的狀態，可以放心享受納豆的美味。

冷凍庫的低溫可阻止味噌發酵，
可維持在最佳熟成狀態！

味噌

解凍

不須解凍

冷凍可停止發酵，
維持味噌的風味

不解凍，
可直接用
湯匙挖取！

鹽分高的味噌雖然可保存在常溫下或冷藏室內，但在存放的過程中會持續發酵，風味會逐漸下滑。只要冷凍保存，就會阻止繼續發酵，也能常保美味。冷凍方法很簡單，在市售味噌盒的表面，緊密貼合保鮮膜，蓋上蓋子後再冰冷凍庫即可。就算冷凍了也還能維持柔軟狀態，可以照著冷凍前的狀態使用。

冷凍小妙招！

**味噌即使冰冷凍，
也不會變得硬梆梆！**

味噌的鹽分很高，就算冰冷凍也不會凝固，即使不解凍，也能用湯匙輕鬆挖取。可直接煮成味噌湯或做其他燉菜。

蛋、乳製品、加工食品

比冷凍前還要有存在感！
Q彈的口感令人上癮

蒟蒻絲

流水解凍

微波解凍

可以享受
奇妙的
Q彈口感

因口感改變，
沙拉更有層次

冷凍大變身！

蒟蒻絲經過冷凍，會流失水分變成有彈性的口感！需要去澀味的蒟蒻絲，汆燙後瀝乾水分放涼；不用去澀味的話，直接放濾網上瀝乾水分，裝進保鮮袋內，排出空氣密封袋口，塑成扁薄狀再冰冷凍。

建議做成涼麵風沙拉！
冷凍後有豐富的口感

打開冷凍蒟蒻絲的保鮮袋口，用微波解凍後，加進配料，拌上涼麵醬汁就很好吃了！也能加進湯裡當配料喔。

蛋、乳製品、加工食品

變身
食材

冷凍後的口感大變身！
Q彈的口感讓人欲罷不能

蒟蒻

解凍

流水解凍　　微波解凍

冷凍過後，
口感更升級

低卡路里，
是減重良伴！

蛋、乳製品、加工食品

很多人不知道其實蒟蒻可以冷凍保存。冷凍後的蒟蒻組織會變成海綿狀，變成凝結緊實的口感。只要活用這個口感，就是道美味的變身食材。需要去澀味時，汆燙好放涼，縱向對半切開後再切成薄片。放進保鮮袋內，排出空氣後攤平，再冰至冷凍庫內。使用時，要用流水解凍或微波解凍都OK。

冷凍大變身！

解凍時要擠出澀味！
去除鹼水才能變得好吃

冷凍蒟蒻裡面的水分會跟澀味一起被濃縮，所以解凍時用手擠出裡面的水分，是蒟蒻變好吃的重點。

金平冷凍蒟蒻

【材料】（2人份）

冷凍蒟蒻1片（約300g）
紅蘿蔔·1/4根（約50g）
油豆皮·····················20g

香油 ·····················1大匙
辣椒 ·····················1/2根
A 醬油 ·····················2小匙
味醂 ·····················1大匙

柴魚片·····················適量
熟芝麻·····················適量

＊想要快速解凍，可用溫水解凍或微波解凍。

【作り方】

❶冷凍蒟蒻連同保鮮袋一起放進調理盆內流水解凍。

❷用手用力擰乾蒟蒻內的水分。紅蘿蔔切成細絲，油豆皮切成條狀，辣椒去蒂頭去籽切塊備用。

❸倒油至平底鍋內以大火熱鍋，倒入❷的紅蘿蔔炒軟。

❹把❷剩下的材料全倒入鍋內，將整體拌勻。

❺倒入A快速拌炒，關火盛盤，最後撒上柴魚片和熟芝麻。

其他創意料理！

蒟蒻可切成碎末當乾咖哩的餡料，或是和青椒一起拌炒，可做成青椒肉絲風味的料理。把有紮實口感的蒟蒻取代肉類，可應用在各種料理上！

冷凍保存，
維持剛出爐的滋味！

麵包

解凍

常溫解凍

微波解凍

▼ 貝果

貝果很適合
冷凍保存

分切成小塊份量
**每一塊都用保鮮
膜包覆防止乾燥**

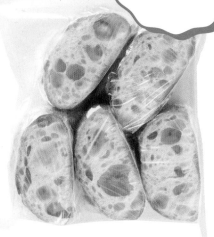

法國麵包 ▲

主食

放常溫下很容易流失水分及美味度的麵包，非常
適合冷凍保存。由於麵包很怕乾燥，在表面包上
保鮮膜後再冰冷凍。**貝果個別分裝，法國麵包分
切成適中大小，再個別用保鮮膜包覆，放保鮮袋
後冰冷凍庫。常溫解凍後再用小烤箱加熱，隨時
都能嘗到剛出爐的美味。**

冷凍小妙招！

在變乾巴巴之前，
盡早冷凍的美味祕訣

麵包放越久越容易乾燥，剛出爐
或一買回來就要立刻冷凍，才能
維持原本的美味。

不解凍直接享用，
變成新口感的冰甜點！

紅豆麵包、
克林姆麵包

解凍

常溫解凍

微波解凍

直接食用

克林姆麵包 ▼

像是紅豆冰
的口感，
冰涼又美味

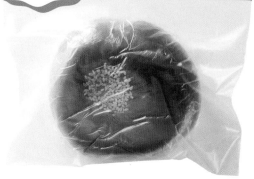

卡士達醬
**會變成像吃
冰泡芙的
滋味！**

🔵 **紅豆麵包**

像是紅豆麵包或克林姆麵包這類**甜麵包**，冷凍後
不解凍直接食用，會變成新口感的冰甜點！甜麵
包的含糖量高，即使不解凍也不會變得硬梆梆
的，可享受紮實的口感。其他麵包也一樣，**用保
鮮膜包覆，放進保鮮袋內排出空氣，再密封袋口
冰冷凍**。當然也可以用常溫或微波解凍再食用。

冷凍小妙招！

**咖哩麵包也能冷凍嗎？
其他的鹹麵包也可以嗎？**

咖哩麵包冷凍後也很美味。用微
波解凍後，再用小烤箱加熱便能
食用。不過，其他的鹹麵包要解
凍很困難，難度較高。

主食

167

在超商就能輕鬆購入的點心，
竟能變成濃郁的甜點!?

起司蒸蛋糕

直接食用

像乳酪蛋糕般
紮實的口感

不解凍直接吃，
可享受到
冰涼甜點的口感

主食

可在超商和超市購入的起司蒸蛋糕，**冷凍後會變**
成紮實有彈性，宛如高級乳酪蛋糕般的濃郁口
感。用保鮮膜緊密包覆，再裝進保鮮袋就好。蛋
糕體內含有糖分和空氣，不會冰到變硬梆梆的，
可以從冷凍庫取出直接享用。只要冷凍就能做出
簡單的甜點，請務必嘗試看看。

冷凍小妙招！

除了起司蒸蛋糕外，
其他甜點也會有嶄新口感！

長崎蛋糕和乳酪蛋糕也很適合冷
凍享用。即使冷凍了也不會完全
變硬，可享受滑順的新口感。

生麵可以冷凍！
從冷凍庫取出後馬上水煮

生油麵

解凍

加熱解凍

不須解凍
直接丟進鍋內！

放進鍋內要
充分攪散
很重要

主
食

生油麵，**先從包裝袋取出，輕輕弄散麵體，讓空氣跑進去，再用保鮮膜包覆後冰冷凍**。要煮時，**不須解凍，直接用手弄散麵體，放進盛滿滾水的鍋內，直接煮開即可**。把麵放進滾水中，再充分攪散，就不會加熱不均，可以煮得很好吃。市售的熟油麵，因為冷凍起來會造成口感不佳，所以不適合冷凍保存。

冷凍小妙招！

讓適量的空氣跑進麵內，煮開時不會沾黏！

冷凍的基礎是要排出空氣，並用保鮮膜緊密包覆；但油麵內若沒有空氣就加熱，會揪成一團造成加熱不均，所以把油麵弄撒充滿空氣尤佳。

事前處理有做好，
只要兩分鐘就能煮好義大利麵

義大利麵

解凍

加熱解凍

兩分鐘
就能煮好，
超輕鬆

水漬後再分裝
冰冷凍庫

只要先將義大利麵泡軟再冰冷凍，之後只要兩分鐘就能煮好義大利麵，縮短烹調的時間。水漬看似麻煩，其實只要把食材泡進水中即可。而且要吃時，只要起一小鍋少量沸水，水煮熟就好了，還能節省水費和瓦斯費。沒時間煮飯時，就使用很方便的水漬義大利麵，冰冷凍常備會省去很多時間。

冷凍memo

水漬義大利麵的保鮮盒，
最好選用小型的盒子！

為了烹煮，可用小鍋子煮開，把義大利麵裝進偏小的保鮮盒內冰冷凍吧！還不占冷凍庫的空間呢。

水漬義大利麵

【 作法 】

❶把乾義大利麵裝進細長型的容器，或較深的托盤內。倒進能淹過義大利麵的水量，泡2小時以上。

> ### Point 1
> 以100g義大利麵：400ml以上的水量為基準。建議使用麵體1.8mm的粗細度。

❷撈起義大利麵確認浸泡程度。只要撈起會微微垂下，就是已充分泡軟的證明。

> ### Point 2
> 若義大利麵快要斷掉了，就表示浸泡的時間不夠，再加長水漬的時間。

> **準備水煮時**
> 在能放進冷凍義大利麵的小鍋，煮沸滾水後加入適量的鹽，水煮義大利麵只要兩分鐘。

❸把義大利麵移到調理盆內，加入適量的橄欖油拌勻。

❹把義大利麵裝進小型的保鮮盒內，上面蓋上保鮮膜，輕輕按壓使保鮮膜貼合麵體，最後蓋上蓋子冰冷凍。

❺待結凍後，再將義大利麵取出，用保鮮膜包覆好，裝進保鮮袋內冷凍保存。

防止發霉，
可延長美味！

年糕

加熱解凍

微波解凍

冷凍保存
**可預防霉菌
孳生！**

緊密貼合
保鮮膜，
可防止乾燥

主食

過年時不可或缺的年糕，長時間放在常溫下或冷藏室內，一不小心就發霉了。為了不讓年糕發霉，馬上把還不會吃到的分量冷凍保存吧。年糕很怕乾燥，**一個一個分別用保鮮膜緊密包覆，放進保鮮袋內再排出空氣後冰冷凍。**可放室溫解凍，等半解凍後再烹調，或是用滾水復溫後，沾上黃豆粉或白蘿蔔泥都很好吃。

冷凍小妙招！

**只要沾點水微波就好！
冷凍年糕的簡單解凍法**

把冷凍年糕放進耐熱容器內，倒入一些水，讓年糕整體都有沾到水分，不須蓋保鮮膜，用微波加熱，就能直接食用了。

煮好一大鍋冰冷凍，
是繁忙日子的救世主

咖哩

 加熱解凍

 流水解凍

 冷藏解凍

▼ 裝入保鮮盒內

攤平冷凍，
可省空間

分裝好後，
輕輕鬆鬆解決
一頓午餐！

裝進保鮮袋內 ▲

咖哩建議煮好一大鍋再分裝冷凍。先把咖哩倒進不鏽鋼托盤內拌勻放涼。**分裝至保鮮袋內，排出空氣，塑成扁薄形再冰冷凍，也可以分成一餐份，裝進保鮮盒內冷凍。**咖哩的油分很多，若不解凍直接用微波加熱，過度高溫可能會有危險，所以不建議直接加熱。若有稍微解凍再加熱就OK，先用微波加熱讓整體軟化後，再改倒進鍋內加熱。也可以用流水或溫水解凍後，再改用鍋子加熱。

冷凍memo

**把馬鈴薯和紅蘿蔔
切小塊一點吧**

若馬鈴薯和紅蘿蔔切得太大塊，
冷凍後的口感會變差，所以不適
合冷凍保存。把它們切小塊一點
或磨成泥再煮咖哩吧。

一次做出大量冰冷凍，
省時又節約！

番茄醬汁、
番茄肉醬

解凍

加熱解凍

流水解凍

冷藏解凍

番茄肉醬 ▼

只要掰開
要用的量，
解凍也很方便

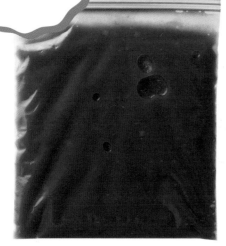

隨時都吃得到
**道地的
義大利麵！**

▲ 番茄醬汁

只要先做出大量的番茄醬汁和番茄肉醬再冷凍保存，隨時都能嘗到道地的義大利麵，非常方便。兩種醬煮好都要先**放涼後，再裝進保鮮袋內，確實排出空氣後，密封袋口，塑成扁薄狀，再放在冷凍庫平坦的地方冷凍。**要吃時，可用流水解凍、冷藏解凍或不解凍直接丟進鍋內加熱也OK！

冷凍memo

**用筷子壓出折痕，
要用時掰開來很方便！**

裝進保鮮袋內，塑成扁薄狀後，用筷子等器具隔著袋子在表面壓出折痕，待醬汁冷凍變硬後，直接用手掰開要用的量即可。

大量冷凍，要用時會很便利！
剩下的餃子皮也可以冷凍

餃子、餃子皮

加熱解凍

餃子皮 ▼

煎餃、水餃，
隨時可上桌！

易用剩的餃子皮，
冷凍後可久放

▲ 餃子

大量冷凍備用，想吃時隨時都吃得到！**餃子包好後，先平鋪在不鏽鋼托盤上結凍後，再裝進保鮮袋內。**餃子很容易結霜，最好盡早食用完畢。餃子不解凍可直接做成煎餃或水餃。另外，**餃子皮也可以冷凍。每5片就用保鮮膜包起來，放進保鮮袋內再冰冷凍。**待恢復室溫後再烹調使用。煮火鍋時只加入餃子皮也很好吃喔。

冷凍memo

先放在不鏽鋼托盤上結凍，再放保鮮袋保存！

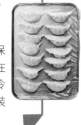

剛包好的餃子若直接裝進保鮮袋內會變形，所以先放在托盤上，蓋上保鮮膜，冰冷凍凝固，等冷凍成形後再裝進保鮮袋內。

料理

直接冰冷凍，
可享受冰涼的口感！

鹽梅

解凍

直接食用

不須解凍

連同包裝袋
一起冰進
冷凍庫

沙沙的口感，
令人上癮的
美味

鹽梅是鹽分濃度很高的保存食品，雖然冰冷藏也能長期保存，但冰冷凍能享受稍微有點變化的口感。**建議使用蜂蜜醃漬的少鹽鹽梅。**冷凍方法就是把市售的包裝袋直接冰到冷凍庫裡。冷凍後的**鹽梅會變成沙沙的口感，酸味和甜味恰到好處，很適合炎熱的夏天。**檸檬酸也能有效對抗中暑。

冷凍小妙招！

因為鹽分濃度高
鹽梅不會變得硬梆梆！

鹽梅鹽分濃度很高，不管怎麼冷凍都不會變得硬梆梆的。蜂蜜醃漬的鹽梅，鹽分較少，反而能享受冰過後的冰沙口感。

冷凍可抑制發酵，
維持原本的美味！

韓式泡菜、
其他泡菜

流水解凍

冷藏解凍

直接食用

其他泡菜 ▼

不解凍，
直接放在
涼麵上，
增添冰涼感

建議冷凍
口感不易
改變的
白蘿蔔和
大白菜！

▲ 韓式泡菜

韓式泡菜和其他泡菜，冰冷藏會持續發酵，容易改變風味，但若冰冷凍，可維持原本的美味又能長期保存。把韓式泡菜和其他泡菜，連**同泡菜醬汁一起裝進保鮮袋內，確實排出空氣後，塑成扁薄狀再冰冷凍。**解凍時可用流水解凍或冷藏解凍，或不解凍直接用手掰開來。放在素麵或涼麵上，讓涼爽的口感更有層次。

冷凍memo

有不能冷凍
的泡菜嗎？

醃小黃瓜冷凍後口感會變差，不建議冷凍保存。像白蘿蔔、大白菜和紅蘿蔔這類的泡菜，冰冷凍反而還能維持原本的美味。

料理

不管是解凍加溫後，
還是半解凍後冰涼吃都很好吃

大福麻糬

解凍

 冷藏解凍

 常溫解凍

 微波解凍

 直接食用

內餡簡直就像是
紅豆冰！

用保鮮膜
緊密貼合
包覆
預防乾燥

**一顆顆用保鮮膜緊密貼合包覆，再放進保鮮袋內
冰冷凍**。紅豆大福冷凍過後，會變成像是紅豆冰
的口感！剛從冷凍庫取出還很硬，半解凍後再
吃，就像在品嘗用麻糬包覆紅豆冰的新口感日式
甜點，或是用微波加熱一下也很好吃。奶油大福
冷凍起來，直接食用也很美味。

冷凍memo

找出喜歡的紅豆餡

內餡包的是帶顆粒的紅豆餡還是
磨得綿密的紅豆泥，除了會有不
同口感外，冷凍過後，紅豆餡會
依冷凍程度不同，口味也會隨之
跟著變化。

變身成冰涼的日式甜點！

銅鑼燒

外皮
就算冰過後
還是很柔軟

變成
嶄新口感的
冰銅鑼燒

非常建議把銅鑼燒冰冷凍後直接品嘗冰銅鑼燒！
外皮內含糖分和空氣，即使冷凍後也很柔軟，而
紅豆餡會變得像紅豆冰一樣有紮實的口感。**外皮
很怕乾燥，要用保鮮膜緊密包覆後，放保鮮袋內
再冰冷凍。**可以直接食用或半解凍後再吃，或用
微波稍微加熱也很好吃。

冷凍memo

不同種類的銅鑼燒
會改變口感？

銅鑼燒會因外皮和紅豆餡內含的
糖分量，而改變冷凍後的軟硬
度。請務必找出自己喜歡的口感
的銅鑼燒。

甜點、飲料、其他

務必嘗試冰沙口感的布丁！

布丁

直接食用

連同容器
一起冰進
冷凍庫！

變身
濃郁又美味的
甜點

西點中最適合冰冷凍的就屬布丁！冷凍後直接食用，和原本的滑順口感不同，**可同時享受冰沙的口感和入口即化的瞬間，是個濃郁又嶄新甜點。**冷凍時，**連同容器一起冷凍即可。**不解凍直接食用，可以享受從品嘗沙沙口感，變成濕潤口感的過程。

冷凍小妙招！

顆粒派？滑順派？
利用解凍改變口感

布丁解凍後，會從原本像硬梆梆冰淇淋般冰沙的口感，變成布丁原本的滑順口感。請務必嘗試這種口感變化的過程。

要維持堅果的美味就要冷凍保存！
才能避免潮濕加上油脂的氧化

堅果

解凍

不須解凍

裝進保鮮袋，
**直接冰冷
凍庫**

不解凍
可直接享用

有很多好油脂和膳食纖維的堅果，是非常健康的
食物，不過因為油脂**在常溫下很容易氧化**，而且
堅果很怕潮濕，所以很適合冷凍保存。沒有馬上
吃完的部分就冰冷凍吧！**直接把堅果裝進保鮮袋
內，確實排出空氣後，再冰冷凍庫即可。**堅果類
的水分含量很少，冷凍後也不會變硬，所以可直
接食用。

冷凍小妙招！

**可以不解凍直接食用，
想吃時可隨時拿來吃！**

基本上堅果類的水分含量很少，
就算冷凍保存，不解凍也可以直
接吃。不會氧化，還能保有原本
的風味。

甜點、飲料、其他

181

剉冰的冰涼顆粒，夏天必吃新品！

果汁、豆乳

直接食用

可**直接**
把鋁箔包
拿去冷凍！

直接吃
或做創意料理
都很好吃

把鋁箔包裝的果汁和豆乳等飲料，**直接冰冷凍庫，可品嘗有如雪酪的口感。**冷凍時請以直立狀態擺放。要吃時，只要常溫解凍2分鐘，剪開包裝上半部，直接用湯匙挖來吃。另外，**若不解凍，直接磨成沙，可當作刨冰或料理的配料來做創意料理。**

冷凍小妙招！

把果汁和豆乳
用磨泥器做成刨冰

把冷凍果汁用磨泥器削成沙，可做成色彩繽紛的刨冰！把豆乳磨成沙，可做出像咖啡廳般有濃醇奶香的刨冰。

蔬菜汁和番茄汁
可做出多道創意料理！

可以當作雪酪直接享用，利用蔬菜汁和番茄汁還能當作料理的配料。從冷凍庫取出不須解凍的果汁，從包裝內直接擠出一半，用磨泥器磨成沙。可加進淋上麵味露的素麵裡，或是做成涼拌菜或沙拉的醬汁，一道透心涼的美味料理即可完成。

跟麵味露等
醬汁
很對味！

可當作
涼拌菜的
配料

透過冷凍確實留住香氣！

咖啡

咖啡粉 ▼

咖啡豆
可直接
冷凍保存

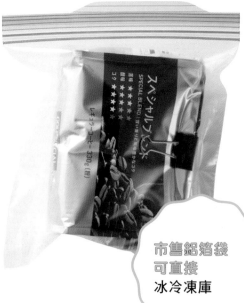

市售鋁箔袋
可直接
冰冷凍庫

▲ 咖啡豆

咖啡會因接觸陽光、空氣和熱度而氧化，造成香氣與味道流失，所以買來要馬上冷凍保存，才能長久留住美味。直接放進保鮮袋內，排出空氣再冰冷凍庫即可。市售鋁箔袋因為不透光，可用夾子夾住袋口，再放進保鮮袋內冰冷凍。如果是磨成粉後，因為容易受潮，取出要用的分量後，盡早放回冷凍庫。

冷凍小妙招！

隨時想喝，
可以不解凍直接使用！

冷凍咖啡豆和咖啡粉，不須解凍，可以直接拿來磨豆或沖泡。和放常溫下或冷藏保存的咖啡相比，味道和香氣應會更濃郁。

隔絕陽光、空氣和熱度，守住香氣！

茶葉

解凍

不須解凍

▼ 綠茶

確實排出
空氣後
再冰冷凍！

取出所需分量後
盡速冰回
冷凍庫！

紅茶 ▲

很重視香氣的綠茶和紅茶茶葉，**接觸陽光、空氣和熱度就會隨之氧化，能隔絕這一切的冷凍最為適合**。看是要裝進已排光空氣的保鮮袋，還是用**夾子把鋁箔袋袋口封好，再放進保鮮袋內冰冷凍庫都行**。茶葉和磨好的咖啡豆一樣，會因溫度差而容易受潮，所以取出要用的量後，要盡速冰回冷凍庫內。

冷凍memo

**茶葉恢復室溫
是受潮的原因！**

要泡茶葉，千萬不可以恢復室溫！就算只有一下子，也會讓茶葉結露，從冷凍庫取出後就要馬上使用。

冷凍後可直接用於料理
或做雞尾酒

紅酒

解凍

加熱解凍

直接食用

用製冰盒
來冷凍，
使用上很便利！

建議可直接
倒進杯裡
做雞尾酒冰塊

開瓶後的紅酒容易氧化，**倒進製冰盒內做成「紅酒冰塊」**，用起來很方便。建議結凍後從製冰盒內取出，裝進保鮮袋內當作料理時的調味料。**要煮番茄肉醬等燉煮料理或義大利麵醬時，直接把紅酒冰塊加進去，增添料理的風味。**在果汁或氣泡水中加入紅酒冰塊，可輕鬆做出時尚簡便的雞尾酒。

冷凍小妙招！

用柳橙汁可輕鬆做出桑格利亞！

在柳橙汁內加進紅酒冰塊，可做出簡便的桑格利亞。隨著冰塊慢慢融化，紅酒溶化後，可享受不同酒精濃度的滋味。

甜點‧飲料‧其他

聰明運用市售冷凍食材！

為何好用？ 超市或超商所販售的冷凍食材，都是用當季現採的蔬菜或水果急速冷凍，營養與美味會瞬間被凍結起來。省去剝皮或分切等麻煩的事前處理過程，可以馬上使用是一大優點。在忙碌的生活中可多加靈活運用！

冷凍王子嚴選！ 推薦的冷凍蔬菜＆水果BEST 3

蔬菜篇	水果篇

 1 青花菜

已分切好，可直接使用的便利性！

青花菜已分切成一小朵，用起來十分方便！由於已加熱處理過，烹調時不須過度加熱是美味的訣竅。

「青花菜」

 1 芒果

香氣馥郁的芒果，半解凍也很好吃！

可充分享受香甜滋味的冷凍芒果，可以半解凍後品嘗，當作冰淇淋或優格的佐料也很好吃。

「蘋果文芒果」

2 毛豆

只須自然解凍就能嘗到美味毛豆！

只要自然解凍就能輕鬆嘗到美味毛豆，是非常優秀的冷凍食材！不解凍可直接和蒜一起拌炒，在料理上的用途很廣泛。

「鹽味毛豆」

2 藍莓

方便又美味的水果

可在超市等賣場輕鬆購得的藍莓，不會太貴又很美味，是家中必備的冷凍水果。可當作佐料或打成果昔來享用。

「藍莓」

3 南瓜

可輕鬆購得濃縮當季美味的南瓜！

不用辛苦切南瓜。只要用分切好的冷凍南瓜，不須解凍，直接放進鍋裡加熱，可縮短處理和烹調的時間。

「栗子南瓜」

3 綜合莓果

色彩鮮豔又有豐富口感的綜合莓果最適合當配料！

享受各種莓果口感的綜合莓果，色彩鮮豔，可運用在各種料理上。覆盆子的酸味也能恰到好處地提升料理層次。

「三種綜合莓」

索引

台灣廣廈 國際出版集團
Taiwan Mansion International Group

國家圖書館出版品預行編目（CIP）資料

(圖鑑版)食材冷凍保鮮大全．專家教你124種常見食材的正確冷凍與解凍法
！「保存食物風味×省錢省時省力 × 冰箱整齊衛生」祕訣大公開/西川剛史作．
-- 初版. -- 新北市：臺灣廣廈有聲圖書有限公司, 2023.06
面；　公分
ISBN 978-986-130-580-6(平裝)
1.CST: 食物冷藏 2.CST: 食品保存

427.74　　　　　　　　　　　　　　　　　　　112004222

【圖鑑版】食材冷凍保鮮大全
專家教你124種常見食材的正確冷凍與解凍法！「保存食物風味 × 省錢省時省力 × 冰箱整齊衛生」祕訣大公開

作　　者／西川剛史
譯　　者／李亞妮

編輯中心編輯長／張秀環
編輯／陳宜鈴
封面設計／林珈仔・內頁排版／菩薩蠻數位文化有限公司
製版・印刷・裝訂／皇甫・秉成

行企研發中心總監／陳冠蒨
媒體公關組／陳柔彣
綜合業務組／何欣穎

線上學習中心總監／陳冠蒨
數位營運組／顏佑婷
企製開發組／江季珊

發 行 人／江媛珍
法 律 顧 問／第一國際法律事務所 余淑杏律師・北辰著作權事務所 蕭雄淋律師
出　　版／台灣廣廈
發　　行／台灣廣廈有聲圖書有限公司
　　　　　地址：新北市235中和區中山路二段359巷7號2樓
　　　　　電話：（886）2-2225-5777・傳真：（886）2-2225-8052

代理印務・全球總經銷／知遠文化事業有限公司
　　　　　地址：新北市222深坑區北深路三段155巷25號5樓
　　　　　電話：（886）2-2664-8800・傳真：（886）2-2664-8801
郵 政 劃 撥／劃撥帳號：18836722
　　　　　劃撥戶名：知遠文化事業有限公司（※單次購書金額未達1000元，請另付70元郵資。）

■出版日期：2023年06月
ISBN：978-986-130-580-6